論理・集合・写像・位相をきわめる

幾何学序論

市原一裕
Kazuhiro ICHIHARA

鈴木正彦
Masahiko SUZUKI

茂手木公彦
Kimihiko MOTEGI

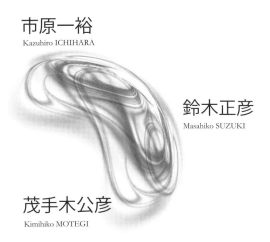

日本評論社

はしがき

　本書は、日本大学文理学部数学科で 30 数年間にわたって 2 年次の学生向けに行われてきた講義「幾何学序論 (含演習)」の内容を整理してまとめたものです。数学科の学生向けのトポロジーの講義ですが、いわゆる一般位相概論の内容とは少し異なります。

　位相の一般的な講義の筋道は、ユークリッドの距離から始まって、一般的な距離空間を経て開集合族による位相の導入というものです。しかし、多くの 2 年次の学生にとって、その抽象性はなかなか乗り越えられない壁でした。1 年次で学ぶ微分積分学や線形代数は、学生にとって同じように抽象的ではありますが、例や問題が豊富にあります。この例題や練習問題を数多くこなすことで学生は抽象性を身につけていきます。しかし、位相の分野では例題も練習問題もそれほど多くなくあまり具体的でもありません。したがって、学生はなかなかその抽象性の壁を乗り越えることができないのです。このような事情から、比較的例題や練習問題が豊富で視覚的にも分かりやすいユークリッド空間に限定して位相を教えることが提案されました。本学では 2 年次で幾何学序論を学んだ後、3 年次から各研究室に少人数配属されてセミナーが始まります。セミナーでは専門書を輪読するわけですが、この時点での幾何を専攻する学生の基礎知識は、線形代数、微分積分学、初等代数そして幾何学序論の内容です。したがって、幾何のセミナーで専門書を読むには、位相特有の開集合で空間の性質を記述する議論を知らなければ支障があるのです。そこで、幾何学序論では、ユークリッド空間を扱うが、できるだけ一般位相空間にも通用するような議論を教えるよう工夫された内容が講義されました。

　もう 1 つ幾何学序論を講義するにあたって心がけたことは、論理・集合・写像を時間をかけて丁寧に講義することです。論理は高等学校の教程の内容に含まれてはいますが、その内容は十分ではありません。しかも大学の数学で扱う

論理は格段に高度な内容になっています．例えば，連続の定義の ε–δ 論法などはその代表格です．論理が幾重にも重なっていて，初学者には理解が困難です．この否定がまた難しく感覚的に理解することができるのは一握りの学生のみです．自戒も込めて言いますが，数学を教える教員は日常的にこのような議論に慣れているので，ややもすると学生の理解の困難さに気づくことなく講義を進めてしまったりします．論理の理解が不十分なまま集合，写像を説明しても十分な理解は期待できません．

以上のような背景から本書は誕生しました．内容の構成はのちに述べますが，例と見やすい図を豊富に配置して，内容をよく読み例題を理解すれば解くことのできる程度の難易度の問題を配置しました．図を豊富に配置したので，理解の助けになると思いますが，図はあくまで理解を補助するためのものであることに注意してください．定理，例題などの説明は初学者でも理解がし易いように心がけました．また，巻末に問題の略解・ヒントを付けました．ただ，完全な解答は読者の勉強の妨げになる恐れがあると考え，ヒントにとどめたものもあります．読者は，本文の説明を読んだ後，例題を自分で完全に解けるようになるまで練習し，その説明に倣って問題の解決に取り組んでいただきたいと思います．定理の理解と例題・問題の練習は車の両輪のようなもので，どちらが欠けても前には進めません．

本書の構成は，第 1 章 論理，第 2 章 集合と写像 から始まって，ユークリッド空間の位相に話が進みます．1, 2 章は既に知識がある読者もおられるかもしれませんが，ぜひ一読してから第 3 章に進んで頂きたいと思います．数学科では 1 年次に線形代数と微分積分学を学ぶのが普通ですが，この科目の中で論理をじっくり講義する時間はなかなか取れません．しかし，初学者にとって，論理の理解不足が数学の理解の妨げになっていることが大きいと感じています．先ほど述べたように，大学で扱う論理は高校の時と比べると比較にならないほど複雑で高度です．最初はわずらわしく感じるかもしれませんが，我慢して論理を学んでください．身についてくれば，掛け算がスラスラと出てくるのと同じように論理の形式をそれほど忠実にトレースしなくても自然に理解できるようになります．本書も最初のうちは論理の形式に従って，なるべく忠実に議論を進めるようにしていますが，後半になるにしたがって，日常的な言葉で論理

を展開するようになっています。

　3章以降は、本論であるユークリッドの位相の話です。前段で述べたように、一般位相空間と同じく、基本的には開集合を用いてユークリッド空間やその間の連続写像の性質を記述するよう心がけています。しかし、距離空間特有の点列の話はやはり重要だと考え、閉集合の特徴づけ、閉包の特徴づけ、コンパクト性の記述などが点列を用いて説明してあります。最初読むときにはこの部分を飛ばしても理解ができるように構成してありますが、最終的には全て読破されることをお勧めします。連結性・弧状連結性は並列に説明し、似通った部分と異なる部分があることを説明しました。最後に、位相同型の定義を与え、コンパクト性や連結・弧状連結性を用いてその性質を議論しました。

　本書はその題名の通り、幾何学 (トポロジー) のほんの入り口に読者を導くことしかできません。しかし、ここから始まる深遠な世界に読者が足を踏み出す一助になれば、本書の目的は達成されたことになります。本書の読者がさらなる数学の大海原に向かって漕ぎ出されることを期待しています。

　最後に、本書を出版するにあたって、様々なご指摘をくださった日本評論社の入江孝成氏と大賀雅美氏に感謝いたします。また、原稿を通読して有益なアドバイスをくださった大野晋司氏にも感謝の意を表します。

2017年10月
著者一同

目次

はしがき i

第 1 章 論理   1

1.1 命題 1
    1.1.1 命題の定義 1
    1.1.2 命題の否定 2
    1.1.3 論理積と論理和 3
    1.1.4 同値 4
    1.1.5 ド・モルガンの法則 7
    1.1.6 条件命題 8
    1.1.7 必要条件と十分条件 12
    1.1.8 命題の証明 13

1.2 命題関数 14
    1.2.1 命題関数 14
    1.2.2 全称命題 15
    1.2.3 存在命題 17
    1.2.4 全称命題と存在命題 21
    1.2.5 ド・モルガンの定理の一般化 22

第 2 章 集合と写像   24

2.1 集合 24
    2.1.1 集合の定義 24
    2.1.2 集合の包含関係 27
    2.1.3 集合の演算 30
    2.1.4 集合族 34
    2.1.5 集合の直積 41

2.2 写像 43

	2.2.1	写像の定義 ………………………………………	43
	2.2.2	写像の像・逆像 …………………………………	45
	2.2.3	単射・全射・全単射 ……………………………	54
	2.2.4	逆写像・写像の合成 ……………………………	58

第 3 章 ユークリッド距離空間 　　64

3.1 ユークリッド距離空間 …………………………………………… 64
  3.1.1 ユークリッドの距離の定義 ………………………………… 64
  3.1.2 近傍 ……………………………………………………… 72
3.2 写像の連続性 ……………………………………………………… 75
  3.2.1 連続性の定義 ……………………………………………… 75
  3.2.2 連続写像の例 ……………………………………………… 76
  3.2.3 連続写像ではない例 ……………………………………… 81
  3.2.4 連続写像に関する諸定理 ………………………………… 86
  3.2.5 連続性の点列による特徴付け …………………………… 92

第 4 章 ユークリッド空間の位相 　　102

4.1 開集合 ……………………………………………………………… 102
  4.1.1 開集合の定義 ……………………………………………… 102
  4.1.2 開集合でない例 …………………………………………… 104
  4.1.3 開集合の基本性質 ………………………………………… 106
  4.1.4 開集合の直積 ……………………………………………… 109
4.2 閉集合 ……………………………………………………………… 112
  4.2.1 閉集合の定義 ……………………………………………… 112
  4.2.2 閉集合の例 ………………………………………………… 115
  4.2.3 閉集合の基本定理 ………………………………………… 117
  4.2.4 閉集合の直積 ……………………………………………… 121
4.3 開集合と閉集合の双対性 ………………………………………… 121
4.4 閉包 ………………………………………………………………… 124
  4.4.1 閉包の定義 ………………………………………………… 124
  4.4.2 閉包の例 …………………………………………………… 125
  4.4.3 閉包に関する定理 ………………………………………… 128

- 4.5 連続写像と開集合、閉集合 130
  - 4.5.1 連続写像と開集合 130
  - 4.5.2 連続写像と閉集合 134
- 4.6 コンパクト 136
  - 4.6.1 コンパクトの定義 136
  - 4.6.2 コンパクトの否定 138
  - 4.6.3 コンパクト性に関する種々の定理 140
  - 4.6.4 連続写像とコンパクト集合 151
- 4.7 連結性と弧状連結性 156
  - 4.7.1 連結集合 156
  - 4.7.2 連結集合の例 159
  - 4.7.3 連結性に関する種々の定理 160
  - 4.7.4 連結成分 165
  - 4.7.5 連続写像と連結集合 167
  - 4.7.6 連結集合の直積 170
  - 4.7.7 複雑な連結集合の例 171
  - 4.7.8 弧状連結集合 174
  - 4.7.9 弧状連結性と連結性の類似 175
  - 4.7.10 弧状連結性と連結性の相違 179
- 4.8 位相同型 183
  - 4.8.1 位相同型 183
  - 4.8.2 位相同型の例 185
  - 4.8.3 位相不変性 192

略解、ヒント   **198**

関連図書   **224**

索引   **225**

第1章

論理

数学は「命題」の真偽 (正しいか誤りか) を論理を用いて判断 (証明) する学問です。日常的にも論理を用いますが、数学で使用される論理はもっと厳格で精緻なものです。この章では、数学で使われる「論理」と「命題」について学びます。

● 1.1 命題

★ 1.1.1 命題の定義

まず、命題とは何かをはっきりさせましょう。

定義 1.1.1 真 (true) か偽 (false) かが判定できる主張を**命題** (proposition) と呼ぶ。命題が真であるとは、命題が正しいことであり、偽であるとは命題が間違っていることである。

注意 1.1.2 命題が真であることを命題が成り立つ (成立する)、 命題が正しいあるいは命題を満たすという言い方をすることもあります。

例えば、
- 東京スカイツリーの高さは 634 メートルである。
- 東京ドームの面積は 5 万平方メートル以上である。

最初の主張は命題です。2 番目の主張も間違ってはいますが (ドームの面積は $46{,}755\mathrm{m}^2$ とされています)、真偽の判断ができるので命題です。しかし、次の主張は命題ではありません。

- 東京スカイツリーは高い。
- 東京ドームは広い。

この 2 つは世間的には正しい命題ということになるのでしょうが、論理的には「高い」、「広い」というのは人によって判断基準が違うので、普遍的に真偽が判断できません。したがって、命題ではありません。普遍的に真偽が判定できるというところが重要です。例えば

- 古代エジプトのクレオパトラの身長は 160cm 以下であった。

は命題です。彼女の身長について正確なところはもはや誰にも分かりません。しかし、特定の人物の普遍的な事実を述べているという意味ではこの主張の真偽は判断できるのです。ここでいう「判断できる」というのは現実的な意味で「この場で答えが出せる」かどうかを問題にしているわけではないことに注意してください。命題は Proposition の頭文字を取って大文字のアルファベットで P で表すことが多いです。たくさんあるときは続けて $Q, R, \cdots$ などと記されます。

★ **1.1.2　命題の否定**

定義 1.1.3 命題 P に対して、「P でない」もまた命題であるが、この命題を P の**否定** (negation) といい、$\sim P$ と書く。$\overline{P}, \neg P$ と書くこともある。

P が真のとき、$\sim P$ は偽で、逆に P が偽のときは、$\sim P$ は真です。このことを表で

P	$\sim P$
T	F
F	T

などと表し、これを P と $\sim P$ の**真理表** (真偽表)(truth table) と言います。真理表というのは、登場する命題 (この場合は P と $\sim P$) 全ての真偽の組み合わせを表現する表のことであると言えます。T は命題が真であることを F は偽であることを示しています。T, F の代わりに 1, 0 を用いて真理表を書くこともあります。

P	$\sim P$
1	0
0	1

この値 1, 0 を命題の**真理値** (truth value) と言います。命題 P の真理値がそれぞれ 1, 0 であることは、命題がそれぞれ真、偽であることを意味しているのです。

★ **1.1.3 論理積と論理和**

2 つの命題から新たな命題を作る論理和と論理積を説明します。

定義 1.1.4 2 つの命題 P と Q に対して、「P であって、かつ Q である」という新たな命題を P と Q の**論理積** (logical product) と言って、$P \wedge Q$ と書く。読み方は P かつ Q (P and Q) である。

$P, Q, P \wedge Q$ の真理表を書いてみましょう。

P	Q	$P \wedge Q$
1	1	1
1	0	0
0	1	0
0	0	0

定義 1.1.5 2 つの命題 P と Q に対して、「P または Q である」という新たな命題を P と Q の**論理和** (logical sum) と言って、$P \vee Q$ と書く。読み方は、P または Q (P or Q) である。

日常で使用する「または」には二者択一的な意味がある場合がありますが、論理で用いる「または」はそうではありません。P または Q であるとは、P のみ、Q のみを主張する外に P と Q を同時に主張することも含まれています。例えば、特定の人物 A に対して

「A は英語を話す」または「A は日本語を話す」

という命題は、「A が英語のみを話す」、「A が日本語のみを話す」というだけでなく、「A が日本語と英語を話す」ことも主張しています。数式の $2 \leq 3$ は「2 は 3 より小さい　または　2 と 3 は等しい」という意味ですので、$2 \leq 3$ は命題としては真です。$P, Q, P \vee Q$ の真理表を書いておきます。

P	Q	$P \vee Q$
1	1	1
1	0	1
0	1	1
0	0	0

★ **1.1.4　同値**

定義 1.1.6　「命題 P と Q の真理値が一致する」ことを「P と Q は**同値 (equivalent) である**」と言い、$P \equiv Q$ と書く。

注意 1.1.7　$P \equiv Q$ 自身命題であることに注意してください。

　上の定義は、簡単に言えば 2 つの命題が「同じ」であるとはどういうことなのかを定義しています。

定理 1.1.8　命題 P に対して、

$$\sim(\sim P) \equiv P$$

が成り立つ。

　証明　この定理を証明するためには真理値が一致することを確かめればよいので、$P, \sim P, \sim(\sim P)$ が登場する真理表を書いてみます。

P	$\sim P$	$\sim(\sim P)$
1	0	1
0	1	0

　P と $\sim(\sim P)$ の真理値が一致したので定理が証明されました。　　　□

問題 1.1.9 この定理を繰り返し使うと、P の偶数回の否定は P と同値で、奇数回の否定は $\sim P$ と同値であることが分かります。このことを数学的帰納法で証明してください。

定理 1.1.10 次が成り立つ。

(1) $P \land Q \equiv Q \land P$

(2) $P \lor Q \equiv Q \lor P$

(3) $(P \land Q) \land R \equiv P \land (Q \land R)$

(4) $(P \lor Q) \lor R \equiv P \lor (Q \lor R)$

(1), (2) をそれぞれ、論理積、論理和に関する**交換法則** (comutative property)、(3), (4) をそれぞれ、論理積、論理和に関する**結合法則** (associative property) と言う。

証明 (3) を証明してみましょう。残りは演習問題として残しておきます。これを証明するには、$(P \land Q) \land R$ と $P \land (Q \land R)$ の真理値が一致することを示せばよいので、$P, Q, R, P \land Q, Q \land R, (P \land Q) \land R, P \land (Q \land R)$ 達が登場する真理表を書いてみましょう。

P	Q	R	$P \land Q$	$Q \land R$	$(P \land Q) \land R$	$P \land (Q \land R)$
1	1	1	1	1	1	1
1	1	0	1	0	0	0
1	0	1	0	0	0	0
0	1	1	0	1	0	0
1	0	0	0	0	0	0
0	1	0	0	0	0	0
0	0	1	0	0	0	0
0	0	0	0	0	0	0

$(P \land Q) \land R$ と $P \land (Q \land R)$ の真理値が一致しますので、これらは互いに同値であることが分かります。 □

問題 1.1.11 上の定理の (1), (2), (4) を証明してください。

定理の (3), (4) が成立するので $P \wedge (Q \wedge R)$ や $(P \wedge Q) \wedge R$ を括弧 ( ) を付けずにただ単に $P \wedge Q \wedge R$ と書くことにします。同様に、単に $P \vee Q \vee R$ と書きます。このことは一般化できます。

系 1.1.12 n 個の論理積、論理和は括弧の場所によらず (積や和の順番によらず) に定まる。

証明 論理積について数学的帰納法で示すことにします。
(1) $n = 1, 2, 3$ のとき成立することは既に示しました。
(2) $n = 1, \cdots, k$ のとき成立するとして、$n = k+1$ のときを考えます。$\ell = 1, 2, \cdots, k$ として、次が成立します。

$$(P_1 \wedge \cdots \wedge P_\ell) \wedge (P_{\ell+1} \wedge \cdots \wedge P_{k+1})$$
$$\equiv (P_1 \wedge (P_2 \wedge \cdots \wedge P_\ell)) \wedge (P_{\ell+1} \wedge \cdots \wedge P_{k+1})$$
$$\equiv P_1 \wedge ((P_2 \wedge \cdots \wedge P_\ell) \wedge (P_{\ell+1} \wedge \cdots \wedge P_{k+1}))$$
$$\equiv P_1 \wedge (P_2 \wedge \cdots \wedge P_{k+1}).$$

したがって、任意の自然数 n に対して成立することが分かります。論理和についても同様です。 □

この例から n 個の論理積、論理和は括弧をつけずに

$$P_1 \wedge \cdots \wedge P_n, \quad P_1 \vee \cdots \vee P_n$$

と書くことができます。
次に論理和と論理積が混ざり合った命題を考えてみます。

定理 1.1.13 次が成立する。これを論理の**分配法則** (distributive property) と言う。
(1) $P \wedge (Q \vee R) \equiv (P \wedge Q) \vee (P \wedge R)$
(2) $P \vee (Q \wedge R) \equiv (P \vee Q) \wedge (P \vee R)$

足し算かけ算の分配法則とよく似ています。なぞらえて覚えると良いでしょう。証明は真理表で行います。少し大きな表になりますが、やってみてください。

問題 1.1.14 定理 1.1.13 を証明してください。

問題 1.1.15 上の定理を一般化して
$$P_1 \wedge (Q_1 \vee \cdots \vee Q_n) \equiv (P_1 \wedge Q_1) \vee \cdots \vee (P_1 \wedge Q_n)$$
$$P_1 \vee (Q_1 \wedge \cdots \wedge Q_n) \equiv (P_1 \vee Q_1) \wedge \cdots \wedge (P_1 \vee Q_n)$$
が成立することを示してください。

★ 1.1.5 ド・モルガンの法則

論理の展開の中でよく使われるド・モルガンの法則を勉強しましょう。

定理 1.1.16 次が成り立つ。

(1) $\sim(P \wedge Q) \equiv (\sim P) \vee (\sim Q)$

(2) $\sim(P \vee Q) \equiv (\sim P) \wedge (\sim Q)$

証明は真理表を書けば分かります。この定理の意味は、「P かつ Q ではない」ということは、「P でないか、または Q でない」ことと同値、また、「P または Q ではない」ということは、「P でなく、かつ Q でない」ことと同値であることを主張しています。

証明 (1) を真理表を書いて証明します。

P	Q	$\sim P$	$\sim Q$	$P \wedge Q$	$\sim(P \wedge Q)$	$(\sim P) \vee (\sim Q)$
1	1	0	0	1	0	0
1	0	0	1	0	1	1
0	1	1	0	0	1	1
0	0	1	1	0	1	1

$\sim(P \wedge Q)$ と $(\sim P) \vee (\sim Q)$ の真理値が一致しますので、これらは互いに同値であることが分かります。(2) も同様に示すことができますので真理表を書いて確かめてください。　　　　　　　　　　　　　　　　　　　　　　　　□

問題 1.1.17 ド・モルガンの法則 (2) を証明してください。

さて、この法則を繰り返して用いると、次の系が証明できます。

系 1.1.18 命題 $P_1, \cdots, P_k$ に対して、次が成り立つ。

(1) $\sim(P_1 \wedge P_2 \wedge \cdots \wedge P_k) \equiv (\sim P_1) \vee (\sim P_2) \vee \cdots \vee (\sim P_k)$

(2) $\sim(P_1 \vee P_2 \vee \cdots \vee P_k) \equiv (\sim P_1) \wedge (\sim P_2) \wedge \cdots \wedge (\sim P_k)$

証明は厳密には数学的帰納法を用いて行います。

問題 1.1.19 数学的帰納法で系 1.1.18 を証明してください。

問題 1.1.20 次の同値が成り立つことを真理表を用いずにド・モルガンの定理と定理 1.1.13 を使って示してください。

(1) $\sim((P \wedge Q) \vee R) \equiv ((\sim P) \wedge (\sim R)) \vee ((\sim Q) \wedge (\sim R))$

(2) $\sim((P \vee Q) \wedge R) \equiv ((\sim P) \vee (\sim R)) \wedge ((\sim Q) \vee (\sim R))$

★ 1.1.6 　条件命題

この節では論理の中でよく使われる「ならば」についての話をします。早速定義から入ります。

定義 1.1.21 命題 P, Q に対して、命題
$$(\sim P) \vee Q$$
を
$$P \to Q$$
と書いて、P **ならば** Q と読むことにする。P と Q から作られるこのような命題を**条件命題** (conditional statement) と言う。

P ならば Q は英語では "If P, then Q." または "P implies Q." と書きます。つまり、P を仮定したら Q である (または、P は Q を意味する) という主張です。さて、$P, Q, P \to Q$ の真理表を書いてみます。

P	Q	$P \to Q$
1	1	1
0	1	1
1	0	0
0	0	1

この真理表を見て、違和感を感じる人が多いでしょう。なぜなら、日常的に用いている「ならば」と様子が違う箇所があるからです。それは、真理表の 2, 4 行目です。2, 4 行目の意味するところは、**P が偽ならば、Q の真偽に関係なく $P \to Q$ は真である**ということです。仮定が間違っていればどんなむちゃくちゃなことを主張しても正しいということになります。次のような例で納得してもらえるでしょうか？

例 1.1.22 命題「$1 = 2$ ならば $1000000 = 0$」は正しい。

解説 $1 = 2$ ならば $1 = 1 + 1$ なので $1 = 0$。したがって、$1000000 = 1 + \cdots + 1 = 0$。 □

いかがですか？ しかし、とにかく論理で定義される「ならば」はこのようなものなのです。使っているうちに、自然と身に付いてきますので、今は違和感があってもそのうち受け入れられるようになるでしょう。

例 1.1.23 命題「P ならば Q」の否定は「P かつ $\sim Q$」です。すなわち $\sim(P \to Q) \equiv P \wedge (\sim Q)$ が成り立ちます。

解説 定義 1.1.21 と定理 1.1.8, 1.1.16 を用いて
$$\sim(P \to Q) \equiv \sim(\sim P \vee Q) \equiv \sim(\sim P) \wedge \sim Q \equiv P \wedge \sim Q$$
が成り立ちます。 □

問題 1.1.24 次が成立することを真理表を用いずに示してください。

(1) $\sim(P \wedge Q \to R) \equiv P \wedge Q \wedge (\sim R)$

(2) $\sim(P \vee Q \to R) \equiv (P \wedge (\sim R)) \vee (Q \wedge (\sim R))$

(3) $\sim(P \to (Q \wedge R)) \equiv (P \wedge (\sim Q)) \vee (P \wedge (\sim R))$

(4) $\sim(P \to (Q \vee R)) \equiv P \wedge (\sim Q) \wedge (\sim R)$

定義 1.1.25 命題 $P \to Q$ に対して、命題 $Q \to P$ を $P \to Q$ の**逆** (converse)、命題 $\sim Q \to \sim P$ を $P \to Q$ の**対偶** (contraposition)、命題 $\sim P \to \sim Q$ を $P \to Q$ の**裏** (inverse) という。

次の定理は、命題 $P \to Q$ とその対偶 $(\sim Q) \to (\sim P)$ が同値であることを主張しています。

定理 1.1.26 命題 P, Q に対して、
$$P \to Q \equiv (\sim Q) \to (\sim P)$$
が成り立つ。

証明 ド・モルガンの法則 (定理 1.1.16)、定理 1.1.8、定理 1.1.10 (1) と $P \to Q \equiv (\sim P) \vee Q$ という事実を使います。

$$P \to Q \equiv (\sim P) \vee Q \equiv \sim(P \wedge (\sim Q))$$
$$\equiv \sim((\sim Q) \wedge P) \equiv \sim(\sim Q) \vee (\sim P)$$
$$\equiv (\sim Q) \to (\sim P)$$

よって、結論を得ます。 □

次の定理はみなさんがよく用いる**三段論法** (syllogism) の正当性を主張する定理です。

定理 1.1.27 命題 P, Q, R に対して、

$$((P \to Q) \land (Q \to R)) \to (P \to R)$$

が成り立つ。

証明 真理表を用いて証明します。

P	Q	R	$P \to Q$	$Q \to R$	$(P \to Q) \land (Q \to R)$	$P \to R$
1	1	1	1	1	1	1
1	1	0	1	0	0	0
1	0	1	0	1	0	1
0	1	1	1	1	1	1
1	0	0	0	1	0	0
0	1	0	1	0	0	0
0	0	1	1	1	1	1
0	0	0	1	1	1	1

$(P \to Q) \land (Q \to R)$ の真理値が 0 のときは、定理で主張している命題は真です。$(P \to Q) \land (Q \to R)$ の真理値が 1 のとき $P \to R$ の真理値も 1 なので、このときも命題が真であることが分かります。したがって、結論を得ます。

□

三段論法とは、

$$((P \to Q \text{ が真}) \text{ かつ } (Q \to R \text{ が真})) \text{ ならば } (P \to R \text{ も真})$$

が真という主張です。上の定理の証明の中の真理表を見ればそれは一目瞭然です。

問題 1.1.28 P, Q, R に対して、次が成立することを示してください。

(1) $((P \to R) \land (Q \to R)) \to ((P \land Q) \to R)$

(2) $((P \to R) \lor (Q \to R)) \to ((P \lor Q) \to R)$

(3) $((P \to R) \land (Q \to R)) \to ((P \lor Q) \to R)$

★ 1.1.7 必要条件と十分条件

定義 1.1.29 命題 P, Q に対して、$P \to Q$ が真であるとき、P を Q の**十分条件** (sufficient condition)、Q を P の**必要条件** (necessary condition) と言う。さらに、$(P \to Q) \wedge (Q \to P)$ が真であるとき、Q は P であるための**必要十分条件** (necessary and sufficient condition) であると言う。$(P \to Q) \wedge (Q \to P)$ を略して $P \leftrightarrow Q$ と表すこともある。

注意 1.1.30 (1) P が Q の十分条件 (Q が P の必要条件) であるとき、すなわち $P \to Q$ が真であるとき、$P \Rightarrow Q$ と表すことがあります。

(2) Q が P の必要十分条件ならば、P は Q の必要十分条件であることが定義よりすぐ分かります。つまり P と Q は互いに必要十分条件なのです。必要十分条件は相互的な条件なのです。P と Q が互いに必要十分条件であることを $P \Leftrightarrow Q$ と表すこともあります。

直感的に分かるように、$P \Leftrightarrow Q$ は「$P \equiv Q$ が成り立つ」ことを意味します。次の定理はこの事実を保証します。

定理 1.1.31

$$(P \leftrightarrow Q) \equiv (P \equiv Q)$$

証明 この定理の主張を示すために真理表を書いてみます。

P	Q	$P \to Q$	$Q \to P$	$P \leftrightarrow Q$	$P \equiv Q$
1	1	1	1	1	1
1	0	0	1	0	0
0	1	1	0	0	0
0	0	1	1	1	1

したがって、結論を得ます。 □

★ **1.1.8 命題の証明**

数学の本質である「命題の証明」について考えてみましょう。数学で出てくる定理、補題、系といったものは、「P ならば Q が成り立つ」という形で表されます。これは、「$P \to Q$ が真である」ということに他なりません。これを証明するには3つの方法が考えられます：

(1) 「$P \to Q$ が真」を直接証明する：$P, Q, P \to Q$ の真理表を思い出してみましょう。

P	Q	$P \to Q$
1	1	1
1	0	0
0	1	1
0	0	1

となります。P が偽のときは、Q がなんであれこの命題は正しいのですから、P が真であるとして、そのとき Q が真であることを示せばよいことになります。つまり、$P \wedge Q$ が真であることを示せば良いのです。

(2) 対偶を証明する：「$P \to Q$」の対偶「$\sim Q \to \sim P$」が正しいこと、すなわち「$\sim Q \to \sim P$ が真」を証明すれば良いのです。このことについては既に定理 1.1.26 で議論しました。

(3) **背理法** (proof of contradiction) を使う：Q を否定して、$P \wedge \sim Q$ が正しくない (偽) ことを示します。このとき、$\sim(P \wedge \sim Q) \equiv \sim P \vee Q \equiv P \to Q$ が正しい (真) ことが示されたことになります。

例 1.1.32 x, y をある実数とします。このとき、命題「$x > 2$ ならば $x > 1$」が正しいことを直接法、対偶法、背理法の3種類の論法で証明してみましょう。

解説 それぞれ次のように示されます。

直接法：$x > 2$ が真であるとします。このとき、$x > 2 > 1$ なので、$x > 1$ が真であることが示されました。つまり、$x > 2$ かつ $x > 1$ が真であることが示されましたので、「$x > 2$ ならば $x > 1$」が正しいことになります。

対偶法：「$x \leq 1$ ならば $x \leq 2$」を示します。$x \leq 1$ が真とします。この

とき、$x \leq 1 < 2$ なので、$x \leq 2$ が真であることが示されました。したがって、定理 1.1.31 より命題が正しいことになります。

背理法：結論を否定します。つまり、$x \leq 1$ とするのです。このとき、$x \leq 1$ かつ $x > 2$ ですが、これは偽です。よって、命題が正しいことが示されました。 □

問題 1.1.33 x, y をある実数とします。命題

$$x^2 + y^2 = 0 \text{ ならば } x = y = 0$$

が正しいことを直接法、対偶法、背理法の 3 つの方法で証明してください。

● **1.2　命題関数**

「x は偶数である」は命題ではありません。なぜなら、x が定まらなければこの主張の真偽を判定できないからです。しかし、x がなんであるかをはっきりさせれば、この主張の真偽が確定し命題になります。

★ **1.2.1　命題関数**

不確定な変数 x などを含む主張で、x が確定すれば命題になるものを考えます。

定義 1.2.1 変数 x を含む主張 $P(x)$ で、x の範囲を確定すれば $P(x)$ の真偽が確定するものを x の**命題関数** (または**条件**)(propositional function) と言う。

変数が複数ある命題関数 $P(x_1, \cdots, x_k)$ も考えます。

例 1.2.2 次の主張 $P(x), Q(x, y)$ は命題関数です。

(1) $P(x)$: (x は男性である。)
(2) $Q(x, y)$: ($x^2 + y^2 = 0$ ならば $x = y = 0$ である。)

問題 1.2.3 上の例で、命題関数の変数 x の範囲を次のようにしたとき、対応する命題の真偽を答えなさい。

(1) x の範囲が、日本大学文理学部の学生のとき、$P(x)$ の真偽は？

(2) x の範囲が、津田塾大の学生のとき、$P(x)$ の真偽は？

(3) x, y の範囲が実数のとき、$Q(x, y)$ の真偽は？

(4) x, y の範囲が複素数のとき、$Q(x, y)$ の真偽は？

★ 1.2.2　全称命題

定義 1.2.4 命題関数 $P(x)$ に対して、

$$\text{全ての } x \text{ に対して } P(x) \text{ である。}$$

は命題となる。これを

$$\forall x \quad P(x)$$

と書いて x に関する**全称命題** (universal proposition) と言う。また、

$$\forall x \ (x \text{ は}\bigcirc\bigcirc\text{を満たす}) \quad P(x)$$

のように x の範囲の制限を ( ) の中の文章で表現することもある。

　記号 $\forall$ は英語の all, any や arbitrary の略です。頭文字 A をひっくり返して書いているのです。全称命題は英語で

$$\text{For all } x, \ P(x). \ \text{や For any } x, \ P(x).$$

などと書かれるので、この文章をそのまま省略して書いたのが先ほど定義した記法なのです。all は「全ての」、any (arbitrary) は「任意の」と訳されます。それで、全称命題を

$$\text{任意の } x \text{ に対して、} P(x) \text{ である。}$$

と書くこともあります。また、次のような書き方もあるので、注意してください。

$$P(x) \quad \text{for } \forall x$$

注意 1.2.5 ここでは証明はできませんが、直感的に

$$\forall x \ (x \text{ は}○○\text{を満たす}) \quad P(x) \equiv \forall x \ (x \text{ は}○○\text{を満たす} \to P(x))$$

が成立することが理解できるでしょう。

例 1.2.6

$$\forall x \ (x \text{ は実数}) \ \ x^2 \geq 0 \equiv \forall x \ (x \text{ は実数} \to x^2 \geq 0)$$

例 1.2.7 次の命題は全称命題です。

(1) 任意の実数 x に対して、$x^2 + 1 > 0$ である。

(2) 全ての線形写像 L に対して、$L(\vec{0}) = \vec{0}$ である。ただし、$\vec{0}$ は零ベクトルである。

極限の定義に出てくる $\forall \varepsilon > 0 \cdots$ は、全称命題 $\forall \varepsilon \ (\varepsilon \text{ は正の実数})$ を省略して書いたものです。また、$\forall n \geq N \ (n \text{ は自然数})$ は、$\forall n \ (n \text{ は自然数かつ } n \geq N)$ と同じ意味です。省略形にはいろいろなものがありますので、惑わされないでください。内容を良く読めば分かるはずです。

多変数の命題関数に対する全称命題ももちろんあります。一般に、

$$\forall x_1 \ \forall x_2 \ \cdots \ \forall x_k \quad P(x_1, \cdots, x_k)$$

のように書かれます。例を挙げると、次のようなものです。

$$\forall x \ (x \text{ は実数}) \quad \forall y \ (y \text{ は実数}) \quad x^2 + y^2 \geq 0$$

この命題は変数 x、y の順序には依存しません。

$$\forall y \ (y \text{ は実数}) \quad \forall x \ (x \text{ は実数}) \quad x^2 + y^2 \geq 0$$

も同じ命題です。この命題は、

$$\forall (x,y) \ ((x,y) \text{ は座標平面上の点}) \quad x^2 + y^2 \geq 0$$

と同じ意味なのです。

x が有限の範囲を動くとき、全称命題がどのようなものかを見ておくことは有意義です。
$$(\forall x \ (x = x_1, \cdots, x_k) \quad P(x)) \equiv P(x_1) \wedge \cdots \wedge P(x_k)$$
となります。つまり、この場合 $P(x_1), \cdots, P(x_k)$ を全て主張しているということなのです。

定理 1.2.8 命題関数 $P(x), Q(x)$ に対して、
(1) $(\forall x \ P(x)) \wedge (\forall x \ Q(x)) \equiv \forall x \ (P(x) \wedge Q(x))$ が成り立つ。
(2) $(\forall x \ P(x)) \vee (\forall x \ Q(x)) \to \forall x \ (P(x) \vee Q(x))$ が成り立つ。

実はこの定理は今までの準備では証明することはできません。この命題の証明のためには、もう少し記号論理学を本格的に勉強しなければなりません。ここでは、直感的な理解で満足することにしましょう。上の定理は直感的には明らかでしょう。x の動く範囲が有限の場合は厳密に証明できます。

問題 1.2.9 x の動く範囲が $x_1, \cdots, x_k$ のとき、定理 1.2.8 を証明しなさい。

(2) に関しては次のような例を考えれば、逆が成立しない理由を理解できます。

例 1.2.10 命題関数 $P(x)$ を「$x > 0$」、$Q(x)$ を「$x \leq 0$」とすると、
(1) $(\forall x \ (x \text{ は実数}) \quad P(x)) \vee (\forall x \ (x \text{ は実数}) \quad Q(x))$ は「全ての実数 x に対して、$x > 0$ であるか、または、全ての実数 x に対して $x \leq 0$ である。」とあり得ないことを主張していて偽です。
(2) $\forall x \ (x \text{ は実数}) \quad (P(x) \vee Q(x))$ は「全ての実数 x に対して、$x > 0$ であるか、または $x \leq 0$ である。」と当たり前のことを主張していて真です。

★ **1.2.3 存在命題**

定義 1.2.11 命題関数 $P(x)$ に対して、

ある x に対して、$P(x)$ である。

は命題となる。これを
$$\exists x \quad P(x)$$
と書いて x に関する**存在命題** (existential proposition) という。また、
$$\exists x \ (x \text{ は}\bigcirc\bigcirc\text{を満たす}) \quad P(x)$$
のように x の範囲の制限を ( ) の中の文章で表現することもある。

注意 1.2.12 全称命題のときと同じように証明はできませんが、
$$\exists x \ (x \text{ は}\bigcirc\bigcirc\text{を満たす}) \quad P(x) \equiv \exists x \ (x \text{ は}\bigcirc\bigcirc\text{を満たす} \to P(x))$$
となるので注意してください。

$\exists$ は英語の exist の略です。存在命題は英語で
$$\text{There exists some } x \text{ such that } P(x).$$
と書かれるので、この文章を省略して書いたのが、定義の中の記法なのです。存在命題をもう少し英語に忠実に
$$\exists x \quad \text{s.t.} \ P(x)$$
と書く流儀もあります。その他
$$P(x) \quad \text{for} \quad \exists x$$
などと書くときもあります。存在命題の読み方も「存在する」ことを強調して
$$\text{ある } x \text{ が存在して、} P(x) \text{ である。}$$
となる場合もあります。

例 1.2.13 次の命題は存在命題です。
 (1) ある x (x は複素数) に対して、$x^2 = -1$ である。
 (2) ある正方行列 A が存在して、$A^2 = 0$ である。

(3) 有理数 q が存在して、$|\sqrt{2} - q| < 10^{-100}$ である。

多変数の命題関数に対する存在命題ももちろんあります。一般に、

$$\exists x_1 \ \exists x_2 \ \cdots \ \exists x_k \quad P(x_1, \cdots, x_k)$$

のように書かれます。例を挙げると、次のようなものです。

$$\exists x \ (x \text{ は実数}) \quad \exists y \ (y \text{ は実数}) \quad \begin{cases} x^2 + y^2 = 1 \\ y = e^x \end{cases}$$

この命題は変数 x, y の順序には依存しません。

$$\exists y \ (y \text{ は実数}) \quad \exists x \ (x \text{ は実数}) \quad \begin{cases} x^2 + y^2 = 1 \\ y = e^x \end{cases}$$

も同じ命題です。この命題は、

$$\exists (x, y) \ (x, y \text{ は実数}) \quad \begin{cases} x^2 + y^2 = 1 \\ y = e^x \end{cases}$$

と同じ意味なのです。

x の動く範囲が有限のとき、存在命題がどのようなものかを見ておくことは有意義です。x の動く範囲が有限で $x_1, \cdots, x_k$ のとき、

$$(\exists x \ (x \text{ は } x_1, \cdots, x_k \text{ のいずれか}) \quad P(x)) \equiv P(x_1) \vee \cdots \vee P(x_k)$$

は、$P(x_1), \cdots, P(x_k)$ の内のどれか少なくとも 1 つを主張しているということなのです。

定理 1.2.14 命題関数 $P(x)$, $Q(x)$ に対して、次が成立する。

(1) $(\exists x \quad P(x)) \vee (\exists x \quad Q(x)) \equiv \exists x \quad (P(x) \vee Q(x))$

(2) $\exists x \quad (P(x) \wedge Q(x)) \to (\exists x \quad P(x)) \wedge (\exists x \quad Q(x))$

全称命題のときと同じ理由で、この命題は今までの準備では証明することはできません。しかし、次のように考えれば納得できます。

まず、(1) について説明しましょう。
$$(\exists x \quad P(x)) \lor (\exists x \quad Q(x)) \to \exists x \quad (P(x) \lor Q(x)) \tag{1.1}$$
は
$$(\exists x \quad P(x)) \to \exists x \quad (P(x) \lor Q(x))$$
$$(\exists x \quad Q(x)) \to \exists x \quad (P(x) \lor Q(x))$$
が直感的に分かるので、成り立つことが理解できます。また、
$$\exists x \quad (P(x) \lor Q(x)) \to (\exists x \quad P(x)) \lor (\exists x \quad Q(x))$$
も直感的に分かるでしょう。これより命題 (1.1) の逆も理解できるのです。したがって、定理 1.1.31 より (1) が導かれます。

(2) の直感的な理解に関してはほぼ問題がないでしょう。次のような例を考えれば、逆が成立しない理由を理解できます。

例 1.2.15 命題関数 $P(x)$ を「$x > 0$」、$Q(x)$ を「$x \leq 0$」とすると、

(1) $(\exists x \ (x \text{ は実数}) \quad P(x)) \land (\exists x \ (x \text{ は実数}) \quad Q(x))$ は「ある実数 x に対して、$x > 0$ であり、かつある実数 x に対して $x \leq 0$ である。」と当たり前のことを主張していて真です。最初のある実数 x と後のある実数 x は異なるものであることに注意してください。

(2) $\exists x \ (x \text{ は実数}) \quad (P(x) \land Q(x))$ は「ある実数 x に対して、$x > 0$ であり、かつ $x \leq 0$ である。」とあり得ないことを主張していて偽です。

注意 1.2.16 命題 $(\exists x \quad P(x)) \land (\exists x \quad Q(x))$ の $\exists x$ は前と後ろでは一般には異なります。一方、$\exists x \quad (P(x) \land Q(x))$ の $\exists x$ は $P(x) \land Q(x)$ に対して同じものが存在するということを主張しています。

x の動く範囲が有限の場合は定理 1.2.14 は厳密に証明できます。

問題 1.2.17 x の動く範囲が $x_1, \cdots, x_k$ のとき、定理 1.2.14 を証明しなさい。

★ 1.2.4 全称命題と存在命題

全称命題と存在命題が混じり合った命題を考えてみましょう。例えば、次のような命題です。

$$\forall x \ (x \text{ は実数}) \quad \exists n \ (n \text{ は自然数}) \quad x \leq n.$$

「任意の実数 x に対して、ある自然数 n が存在して $x \leq n$ である。」というのが上の命題の主張です。このような命題は数学ではポピュラーで頻繁に出てきます。今、$\forall$ と $\exists$ の順序を入れ替えた命題を考えてみましょう。

$$\exists n \ (n \text{ は自然数}) \quad \forall x \ (x \text{ は実数}) \quad x \leq n.$$

この命題は「ある自然数 n が存在して、任意の実数 x に対して、$x \leq n$ である。」ということを主張しています。前の命題はいわゆるアルキメデスの原理 (後の 3.2.43 節で詳しく述べます) と呼ばれるもので、命題として真ですが、2 番目の命題は明らかに偽で、最初の命題と内容が異なるのが分かります。一般に、$\forall$ と $\exists$ の入れ替えをすると命題の内容が変わりますが、次が成り立ちます。

定理 1.2.18 次が成り立つ。

$$\exists y \quad \forall x \quad P(x, y) \to \forall x \quad \exists y \quad P(x, y).$$

$(\exists y \quad \forall x \quad P(x, y))$ はすべての x に対して、共通の y が存在して $P(x, y)$ であると主張していますが、$(\forall x \quad \exists y \quad P(x, y))$ は、x ごとに y が存在して $P(x, y)$ であると主張しています。後者の y は x ごとに変わっても良いので $(\forall x \quad \exists y_x \quad P(x, y_x))$ とでも表現する方が適当かもしれません。逆が成立しないのは $P(x, y) : (x \leq y)$ と置いてみると理解できます。厳密な証明はできませんが、この定理は直感的にはよく理解できます。

例 1.2.19 x と y がそれぞれ x_1, x_2 と y_1, y_2 の範囲を動くとき、上の定理を証明して見ましょう。

解説 次の同値が成り立ちます。

$$\exists y \ (y \text{ は } y_1, y_2 \text{のいずれか}) \quad \forall x \ ((x \text{ は } x_1, x_2 \text{のいずれか}) \quad P(x,y)$$
$$\equiv \exists y \ (y \text{ は } y_1, y_2 \text{のいずれか}) \quad Q(y) = P(x_1, y) \land P(x_2, y)$$
$$\equiv (P(x_1, y_1) \land P(x_2, y_1)) \lor (P(x_1, y_2) \land P(x_2, y_2))$$

$$\forall x \ (x \text{ は } x_1, x_2 \text{のいずれか}) \quad \exists y \ (y \text{ は } y_1, y_2 \text{のいずれか}) \quad P(x,y)$$
$$\equiv \forall x \ (x_1, x_2) \quad P(x, y_1) \lor P(x, y_2)$$
$$\equiv (P(x_1, y_1) \lor P(x_1, y_2)) \land (P(x_2, y_1) \lor P(x_2, y_2))$$

このとき、

$$P_1 : P(x_1, y_1) \land P(x_2, y_1) \quad P_2 : P(x_1, y_2) \land P(x_2, y_2)$$
$$Q : (P(x_1, y_1) \lor P(x_1, y_2)) \land (P(x_2, y_1) \lor P(x_2, y_2))$$

とおくと、$P_1 \to Q$, $P_2 \to Q$ が成り立つことはすぐ分かります。したがって、問題 1.1.28 (3) を用いれば

$$(P_1 \to Q) \land (P_2 \to Q) \to (P_1 \lor P_2 \to Q)$$

が成り立つので結論が示されました。　　□

★ 1.2.5　ド・モルガンの定理の一般化

全称命題と存在命題の否定について考えてみます。下の定理は以前証明したド・モルガンの定理の一般化と考えられます。

定理 1.2.20 (ド・モルガン) 命題関数 $P(x)$ に対して、次が成り立つ。

(1)　$\sim(\forall x \quad P(x)) \equiv \exists x \quad \sim P(x)$

(2)　$\sim(\exists x \quad P(x)) \equiv \forall x \quad \sim P(x)$

この定理は直感的にはよく理解できます。x が有限の範囲 $x_1, \cdots, x_k$ を動くときは、第 1.1.5 節で証明した 2 つの命題に関するド・モルガンの定理 1.1.16 を用いて、

$$
\begin{aligned}
(1) \quad \sim(\forall x\ (x = x_1, \cdots, x_k)\quad P(x)) &\equiv \sim(P(x_1) \wedge \cdots \wedge P(x_k)) \\
&\equiv (\sim P(x_1)) \vee \cdots \vee (\sim P(x_k)) \\
&\equiv \exists x\ (x = x_1, \cdots, x_k)\quad \sim P(x) \\
(2) \quad \sim(\exists x\ (x = x_1, \cdots, x_k)\quad P(x)) &\equiv \sim(P(x_1) \vee \cdots \vee P(x_k)) \\
&\equiv (\sim P(x_1)) \wedge \cdots \wedge (\sim P(x_k)) \\
&\equiv \forall x\ (x = x_1, \cdots, x_k)\quad \sim P(x)
\end{aligned}
$$

が成り立つことが分かります。一般的な証明をここで与えることはできません。

例 1.2.21 この定理を用いて、次のような命題の否定を考えてみましょう。
(1) $\forall x \quad \exists y \quad P(x, y)$
(2) $\exists x \quad \forall y \quad P(x, y)$

解説 まず、(1) について、ド・モルガンの法則を続けて 2 回使うと
$$
\begin{aligned}
\sim(\forall x \quad \exists y \quad P(x, y)) &\equiv \sim(\forall x \quad (\exists y \quad P(x, y))) \\
&\equiv \exists x \quad \sim(\exists y \quad P(x, y)) \\
&\equiv \exists x \quad \forall y \quad \sim P(x, y)
\end{aligned}
$$

が成立します。

次に、(2) について、同様に
$$
\begin{aligned}
\sim(\exists x \quad \forall y \quad P(x, y)) &\equiv \sim(\exists x \quad (\forall y \quad P(x, y))) \\
&\equiv \forall x \quad \sim(\forall y \quad P(x, y)) \\
&\equiv \forall x \quad \exists y \quad \sim P(x, y)
\end{aligned}
$$

が成立します。 □

この章を書くにあたって、[1] を大いに参考にさせて頂きました。この章の内容をさらに勉強したい読者にはお勧めしたい本です。論理を扱った本として [2] もお勧めしておきます。

第2章

集合と写像

　日常的に使われる集合という言葉は、単純に物の集まりを意味します。しかし数学で使われる「集合」はより厳格に定義されます。この章では、数学で使われる「集合」について学びます。

● 2.1 　集合

★ 2.1.1 　集合の定義

定義 2.1.1 **集合** (set) とは、あるものの範囲の確定した集まりのことであり、集合を構成するものを**元**、または**要素** (element) という。ある x が集合 X を構成する元であることを $x \in X$（または $X \ni x$）と表し、x は X に**属する**と言う。また、ある x が X を構成する元でないことを $x \notin X$（または $X \not\ni x$）と表す。

　定義の中の「範囲の確定した」という部分が重要です。次の集まりは集合ではありません。

1. 背の高い人の集まり
2. 大きな数の集まり

どちらの集まりも、範囲が確定していません。「背が高い」、「大きな」と言った基準は人によって異なり厳格に範囲を規定できないのです。次は、集合になります。

1. 身長 170cm 以上の人の集まり
2. 10000 以上の数の集まり

集合は大文字のアルファベットで表されます。表し方は、通常 2 通りあります。

(1) 元を並べて書いて { } でくくる方法：例えば

$$A = \{1, 2, 3, 4, 5\}$$

(2) 要素の満たすべき条件を書く方法：例えば

$$A = \{x \mid x \in \mathbb{N} \text{ かつ } 1 \leq x \leq 5\}$$

一見、(1) の元を並べて書く方が明確で分かりやすいような気がしますが、元を並べて書く表現方法には限界があります。無限集合を表すとき、例えば

$$\{1, 2, 3, \cdots, n, \cdots\}$$

が自然数全体を表すことには大抵の人が納得するでしょう。しかし、正の実数全体を集合で表すときにはこの方法ではできません。(2) の表現方法ならば全ての集合を表すことができます。(2) の表現方法をもう少し詳しく考察してみましょう。一般的に

$$A = \{x \mid x \text{ の満たすべき条件}\}$$

という書き方は、x の満たすべき条件を $P(x)$ と書けば、

$$\{x \mid P(x) \text{ を満たす}\}$$

と書くことができます。$P(x)$ は我々が今まで勉強してきた x の命題関数に他なりません。つまり、命題関数 $P(x)$ が与えられたとき、

$$\{x \mid P(x) \text{ が真}\}$$

は集合となります。命題関数 $P(x)$ のことを x の満たすべき「条件」と呼んでいるわけです。例えば、正の実数全体の集合を命題関数を使って表すと次のようになります。

$$\{x \mid P(x) \text{ が真}\} \text{ ただし } P(x) : (x \in \mathbb{R} \wedge x > 0)$$

注意 2.1.2 命題関数 $P(x)$ を用いて集合を表すとき、$\{x \mid P(x)\}$ と書いて、$\{x \mid P(x) \text{ が真}\}$ の意味であることが多いので注意してください。本書でも前者の記法を用います。

改まって集合を命題関数を用いて定義すると何か特別なもののように感じるかもしれませんが、実際には数学を勉強する上で、このような集合は、皆さんは高校のときにすでに常に使っていたのです。例えば、中学、高校では「直線 $y = 2x + 3$」「放物線 $y = x^2$」という言い方が出てきますが、これらは正確には

「直線 $\{(x, y) \mid y = 2x + 3 \land (x, y \in \mathbb{R})\}$」

「放物線 $\{(x, y) \mid y = x^2 \land (x, y \in \mathbb{R})\}$」

と集合として書かれるべきものです。ここでも、上で説明した (2) の表記法が使われています。このように書くと、なんだか大袈裟になってしまうので、(x, y) の満たすべき条件 $y = 2x + 3$ で直線を表し、$y = x^2$ で放物線を表しています。

定義 2.1.3 元を 1 つも含まない集まりのことを**空集合** (empty set) と呼び、集合の仲間に加える。空集合の記号を $\emptyset$ で表す。

何もない集合、空集合 $\emptyset$ を定義する理由は以下の節で明らかになります。

例 2.1.4
$$A := \{x \mid x^2 + 1 = 0 \land x \in \mathbb{R}\} = \emptyset.$$

解説 全ての $x \in \mathbb{R}$ に対して、$x^2 + 1 \geq 1$ なので、$x^2 + 1 = 0$ を満たす実数 x は存在しません。つまり、$A = \emptyset$ です。 □

注意 2.1.5 ここで用いた記号 $:=$ は記号を定義するときよく使われます。例えば、$A := B$ と書かれたら、左辺の記号 A を右辺の B で定義するという意味です。したがって、右側に位置するものはすでに意味の確定しているものでなければなりません。

★ 2.1.2　集合の包含関係

定義 2.1.6 2 つの集合 A, B に対して、

$$\forall x \quad (x \in A \to x \in B) \tag{2.1}$$

が真のとき、A が B に**含まれる**（または A は B の**部分集合** (subset) である）といい、$A \subset B$ (または $B \supset A$) と書く。また、$A = B$ であることを、$A \subset B$ かつ $B \subset A$ であることと定義する。$A = B$ でないことを $A \neq B$ と書く。$A \subset B$ かつ $A \neq B$ のとき、A は B の**真部分集合** (proper subset) であるといい、$A \subsetneqq B$ という記号で表す。

注意 2.1.7 集合 A が集合 B に含まれないことは $A \not\subset B$ と表しますが、この意味は

$$\begin{aligned} &\sim(\forall x \quad (x \in A \to x \in B)) \\ \equiv\ &\sim(\forall x \quad (x \notin A \text{ または } x \in B)) \\ \equiv\ &\exists x \quad (x \in A \text{ かつ } x \notin B)) \end{aligned}$$

が成立することです。

命題 (2.1) は「任意の x に対して、$x \in A$ ならば $x \in B$」という全称命題です。集合の包含関係をこのように定義すると、A が空集合 $\varnothing$ のとき、$x \in A$ は常に偽ですから、(2.1) は真であることになります。したがって、どのような集合 B に対しても

$$\varnothing \subset B$$

が成り立つことが分かります。一般に、$A \subset B$ であることを示すためには、$A \neq \varnothing$ として、任意の x に対して、$x \in A$ が真のとき $x \in B$ が真であることを示せば良いことが分かります。集合の包含関係はイメージとして次のような図を思い浮かべると良いでしょう (次ページ上の図を参照)。

ここで注意しておきますが、図はあくまで自分の考えを補助するもので、図が定義の主体ではなく、発想を助けるためだけに使用されるのです。

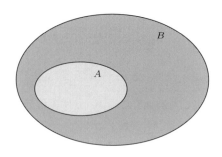

例 2.1.8 (1) 集合 C_1, C_2 を
$$C_1 := \{(x,y) \mid x^2 + y^2 \leq 1 \wedge (x,y) \in \mathbb{R}^2\}$$
$$C_2 := \{(x,y) \mid x^2 + 2y^2 \leq 1 \wedge (x,y) \in \mathbb{R}^2\}$$

と定義すると、$C_2 \subset C_1$ となります。

(2) $A := \{x \mid x = 2n + 3m \text{ かつ } m, n \in \mathbb{Z}\}$ と定義すると $A = \mathbb{Z}$ となります。

解説 (例 2.1.8) (1) の解説をしましょう。高校のときは、xy-座標平面に下のような図を書いてこの手の問題の解答としていたと思いますが、大学の数学ではそれは単なる観察で包含関係の証明にはなりません。包含関係の定義に基づいて次のように示すことが求められます。

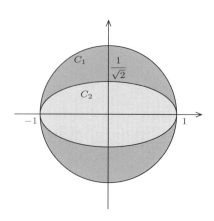

任意の (x,y) に対して、$(x,y) \in C_2$ とすると $x^2 + 2y^2 \leq 1$ です。したがって、$x^2 + y^2 \leq x^2 + 2y^2 \leq 1$ なので、$(x,y) \in C_1$ となり、$C_2 \subset C_1$ が示されます。今までの議論を論理記号で書くと、

$$\forall (x,y) \in \mathbb{R}^2 \quad (\quad (x,y) \in C_2$$
$$\to x^2 + 2y^2 \leq 1$$
$$\to x^2 + y^2 \leq x^2 + 2y^2 \leq 1$$
$$\to (x,y) \in C_1 \quad)$$

が成立する、となります。

次に (2) の解説します。定義に基づいて証明します。$A = \mathbb{Z}$ ということは、$A \subset \mathbb{Z}$ かつ $\mathbb{Z} \subset A$ ということです。まず、$A \subset \mathbb{Z}$ を示します。しかし、これは明らかでしょう。なぜなら、任意の $x \in A$ について、ある整数 m, n で $x = 2m + 3n$ と書くことができますが、このような x はまた整数になるので、$x \in \mathbb{Z}$ となるからです。論理記号で議論を再現すると

$$\forall x \quad (\quad x \in A$$
$$\to \exists m, n \in \mathbb{Z} \quad x = 2m + 3n$$
$$\to x \in \mathbb{Z} \quad)$$

が成立する、となります。

次に、$\mathbb{Z} \subset A$ を示します。任意の $x \in \mathbb{Z}$ に対して $x = 2(-x) + 3x$ と書くことができますが、$-x, x$ ともに $\mathbb{Z}$ の元ですから、$x \in A$ が示されたことになります。したがって、$\mathbb{Z} \subset A$ です。論理記号で再び書くと

$$\forall x \quad (\quad x \in \mathbb{Z}$$
$$\to (x = 2(-x) + 3x) \wedge (-x, \, 3x \in \mathbb{Z})$$
$$\to x \in A \quad)$$

が成立するということです。 □

注意 2.1.9 上の例の説明の中で示したように、議論を普通の言葉で展開しても論理記号で展開してもどちらでも構いませんが、一長一短あります。記号で

展開すると曖昧さがなく正確に議論できるのが良い点ですが、→ の過程が少し大雑把になる傾向があります。一方、言葉で展開すると分かりやすいのですが、正確性を欠く危険性があります。その場に応じて使い分けると良いと思いますが、この本では必要だと思われるとき以外は原則として言葉で論理を展開することにします。

★ 2.1.3　集合の演算

いくつかの集合から新たな集合を作る集合の演算について学びます。まず、集合の和から定義しましょう。

定義 2.1.10 集合 A, B に対して、次の集合を A と B の**和** (union) という。

$$\{x \mid x \in A \text{ または } x \in B\}$$

そして、この集合を $A \cup B$ と書くことにする。

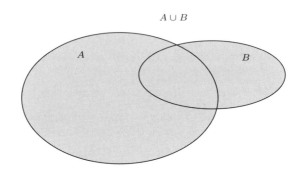

次に、集合の共通部分を定義しましょう。

定義 2.1.11 集合 A, B に対して、次の集合を A と B の**共通部分** (intersection) という。

$$\{x \mid x \in A \text{ かつ } x \in B\}$$

そして、この集合を $A \cap B$ と書くことにする。

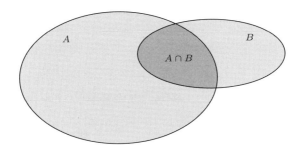

集合の和と共通部分に関して次の定理が成立します。

定理 2.1.12 集合 A, B, C に関して、次が成り立つ。

(1) $A \cup B = B \cup A$, $A \cap B = B \cap A$ （交換法則）

(2) $A \cup (B \cup C) = (A \cup B) \cup C$,
$A \cap (B \cap C) = (A \cap B) \cap C$ （結合法則）

(3) $A \cup (B \cap C) = (A \cup B) \cap (A \cup C)$,
$A \cap (B \cup C) = (A \cap B) \cup (A \cap C)$ （分配法則）

証明 まず、(1) の $A \cap B = B \cap A$ を示します。定理 1.1.10 (1) の交換法則を用いて
$$A \cap B = \{x \mid x \in A \wedge x \in B\} = \{x \mid x \in B \wedge x \in A\}$$
$$= B \cap A$$

$A \cup B = B \cup A$ の証明も定理 1.1.10 (2) を用いて同じように示すことができます。

次に (2) の $A \cup (B \cup C) = (A \cup B) \cup C$ を証明してみましょう。定理 1.1.10 (4) の結合法則を用いて

$$A \cup (B \cup C) = \{x \mid x \in A \vee x \in B \cup C\} = \{x \mid x \in A \vee (x \in B \vee x \in C)\}$$
$$= \{x \mid (x \in A \vee x \in B) \vee x \in C\} = \{x \mid x \in A \cup B \vee x \in C\}$$
$$= (A \cup B) \cup C$$

$A \cap (B \cap C) = (A \cap B) \cap C$ も $\wedge$ の結合法則から同様に示すことができます。

(3) は練習問題とします。　　　　　　　　　　　　　　　　　　　□

問題 2.1.13 定理 2.1.12 の (3) の証明をしなさい。

定理 2.1.12 (2) の結合法則は 3 個の集合の共通部分や和を考えるとき共通部分や和の取り方の順序 (括弧の位置) はどのように取っても同じであることを主張しています。

つまり

$$\begin{aligned}(A_1 \cap A_2) \cap A_3 &= \{x \mid (x \in A_1 \land x \in A_2) \land x \in A_3\} \\ &= \{x \mid x \in A_1 \land (x \in A_2 \land x \in A_3)\} \\ &= A_1 \cap (A_2 \cap A_3)\end{aligned}$$

$$\begin{aligned}(A_1 \cup A_2) \cup A_3 &= \{x \mid (x \in A_1 \lor x \in A_2) \lor x \in A_3\} \\ &= \{x \mid x \in A_1 \lor (x \in A_2 \lor x \in A_3)\} \\ &= A_1 \cup (A_2 \cup A_3)\end{aligned}$$

となります。

同様に任意の有限個の集合 $A_1, \cdots, A_k$ に対しても

$$(((A_1 \cap A_2) \cap A_3) \cap \cdots) \cap A_n, \quad (((A_1 \cup A_2) \cup A_3) \cup \cdots) \cup A_n$$

を考えることができます。

$$\begin{aligned}&(((A_1 \cap A_2) \cap A_3) \cap \cdots) \cap A_n \\ &= \{x \mid (((x \in A_1 \land x \in A_2) \land x \in A_3) \land \cdots) \land x \in A_n\} \\ &(((A_1 \cup A_2) \cup A_3) \cup \cdots) \cup A_n \\ &= \{x \mid (((x \in A_1 \lor x \in A_2) \lor x \in A_3) \lor \cdots) \lor x \in A_n\}\end{aligned}$$

と表されます。ここで、x の満たすべき条件

$$(((x \in A_1 \land x \in A_2) \land x \in A_3) \land \cdots) \land x \in A_n,$$

$$(((x \in A_1 \lor x \in A_2) \lor x \in A_3) \lor \cdots) \lor x \in A_n$$

は系 1.1.12 から論理積や論理和の取り方の順序 (括弧の位置) によらないことが分かるので、単に

$$x \in A_1 \wedge x \in A_2 \wedge x \in A_3 \wedge \cdots \wedge x \in A_n,$$

$$x \in A_1 \vee x \in A_2 \vee x \in A_3 \vee \cdots \vee x \in A_n$$

のように書くことが許されます。これに対応して、

$$(((A_1 \cap A_2) \cap A_3) \cap \cdots) \cap A_n \quad \text{や} \quad (((A_1 \cup A_2) \cup A_3) \cup \cdots) \cup A_n$$

も

$$A_1 \cap A_2 \cap A_3 \cap \cdots \cap A_n \quad \text{や} \quad A_1 \cup A_2 \cup A_3 \cup \cdots \cup A_n$$

のように表すことが可能になります。このことから

$$A_1 \cap A_2 \cap \cdots \cap A_k = \{x \mid x \in A_1 \wedge x \in A_2 \wedge \cdots \wedge x \in A_k\}$$

$$A_1 \cup A_2 \cup \cdots \cup A_k = \{x \mid x \in A_1 \vee x \in A_2 \vee \cdots \vee x \in A_k\}$$

と書けます。$A_1 \cap A_2 \cap \cdots \cap A_k$ を $A_1, \cdots, A_k$ の**共通部分** (intersection) と呼び、$A_1 \cup A_2 \cup \cdots \cup A_k$ を $A_1, \cdots, A_k$ の**和** (union) と呼びます。

定義 2.1.14 集合 A, B に対して、次の集合を A, B の**差** (set difference) という。

$$\{x \mid x \in A \text{ かつ } x \notin B\}$$

そして、この集合を $A - B$ と書くことにする。

上の定義の中で必ずしも B は A の部分集合である必要はありません。B に含まれるが A には含まれない要素があってもかまいません。例えば、

$$\{1, 2, 3, 4\} - \{3, 4, 5, 6\} = \{1, 2\}$$

のようです。集合の差は常に定義できます。$A \subset B$ のときは、$A - B$ に含まれる要素はなくなりますから、$A - B = \varnothing$ となります。空集合という概念が

なければこのようなときは例外措置をしなければなりません。このようなことが空集合を定義する 1 つの理由です。

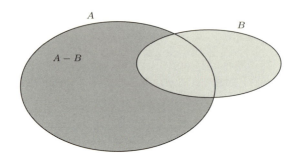

注意 2.1.15 集合 X の部分集合のみを考えるとき、X の部分集合 A に対して、差集合 $X - A$ は高校で学んだ A の X における**補集合** (complement) になります。このときは $X - A$ を $\overline{A}$ または A^c のように書くことがあります。高校の教科書では A の補集合を $\overline{A}$ と表しましたが、この本ではこの表記は使いません。ただし、記号 A^c を用いるときは A を含む集合 X が明確になっていなければいけないことに注意してください。

★ 2.1.4 集合族

ここでは無限個の集合についてお話ししましょう。集合の無限列 $A_1, \cdots , A_k, \cdots$ について考えます。集合の無限列というのは数列 $a_1, \cdots , a_k, \cdots$ と同じようなものだと考えられます。ところで、数列の厳密な定義をご存知でしょうか？ 大学に入っていろいろな概念が厳密化されました。極限はその代表的な概念です。しかし、数列の厳密な定義というのは聞いたことがないかもしれません。実数列 $a_1, \cdots , a_k, \cdots$ とは、$\mathbb{N}$ と $\mathbb{R}$ の間の対応 $k \leftrightarrow a_k$ であると定義されます。これは、後に説明する写像の概念を用いれば、正確に写像 $a : \mathbb{N} \longrightarrow \mathbb{R}, a(k) = a_k$ のことであると定義されます。数列を対応 (写像) としてとらえることによって、厳密に定義することができるのです。集合列も同じことで、集合列 $A_1, \cdots , A_k, \cdots$ というのは、自然数の集合 $\mathbb{N}$ と「ある集合の集合」との間の対応であると定義します。このとき、$\mathbb{N}$ を**添字集合** (index set) といいます。この添字集合は $\mathbb{N}$ 以外にもいろいろ考えられます。例えば、

整数の集合 $\mathbb{Z}$、有理数の集合 $\mathbb{Q}$、実数の集合 $\mathbb{R}$ などです。ここで重要なのは、添字集合が $\mathbb{R}$ の場合は、$\mathbb{Z}, \mathbb{Q}$ が添字集合のときとは決定的に違いがあることです。19 世紀のドイツの数学者 G. カントール (G. Cantor) によって得られた結論によると、無限集合には、全ての要素に番号 $1, 2, \cdots, k, \cdots$ をつけて、並べることのできる集合 (これは写像を用いて言えば無限集合と自然数の集合 $\mathbb{N}$ の間に全単射があるということです。) とそうでない集合があるのです。前者を**可算集合** (countable set)、後者を**非可算集合** (uncountable set) といいます。$\mathbb{N}$ はもちろん、実は $\mathbb{Z}, \mathbb{Q}$ なども可算集合ですが、$\mathbb{R}$ は非可算集合であることがカントールによって初めて証明されました。そういうわけで、全ての集合列を $A_1, \cdots, A_k, \cdots$ のように書き表すことはできません。どうしても、対応の形でしか表現できない集合列があるのです。添字集合が非可算集合である $\mathbb{R}$ のときなどがその例です。この場合、一列に並べることができませんので、もはや「集合列」という名前もふさわしくありません。そこで、新たな呼び方として**集合族** (family of sets) という言葉を導入します。例えば、$\mathbb{R}$ が添字集合の集合族 $\{A_x\}$ などという呼び方をします。そして、$\{A_x\}_{x \in \mathbb{R}}$ と書き表します。一般に、添字集合が集合 Λ である集合族を $\{A_\lambda\}_{\lambda \in \Lambda}$ と書き表します。

添字が非可算集合の例として、次のような集合族があります。

例 2.1.16 (1) $\Lambda = \mathbb{R}$ とし、各 $x \in \Lambda$ に対して、A_x を閉区間 $[x, x+1]$ とします。こうして長さ 1 の閉区間からなる集合族 $\{A_x\}_{x \in \mathbb{R}}$ が得られます。

(2) $\Lambda = \mathbb{R}$ とし、各 $a \in \Lambda$ に対して、$\ell_a = \{(x,y) \mid y = ax\}$ とします。こうして (x,y) 座標平面内の原点を通る傾き a の直線からなる集合族 $\{\ell_a\}_{x \in \mathbb{R}}$ が得られます。

さて、無限集合族を用いた集合算についてお話しします。今、集合族 $\{A_k\}_{k \in \mathbb{N}}$ の和や共通部分は

$$A_1 \cup \cdots \cup A_k \cup \cdots = \{x \mid x \in A_1 \vee \cdots \vee x \in A_k \vee \cdots\}$$
$$A_1 \cap \cdots \cap A_k \cap \cdots = \{x \mid x \in A_1 \wedge \cdots \wedge x \in A_k \wedge \cdots\}$$

と書くことができますが、論理演算子 $\vee$ や $\wedge$ が無限個並ぶのが気になります。これは全称命題や存在命題を用いて次のように論理的に正確に述べることがで

きます。
$$A_1 \cup \cdots \cup A_k \cup \cdots = \{x \mid \exists n \in \mathbb{N} \quad x \in A_n\}$$
$$A_1 \cap \cdots \cap A_k \cap \cdots = \{x \mid \forall n \in \mathbb{N} \quad x \in A_n\}$$

一般に、

定義 2.1.17 集合族 $\{A_\lambda\}_{\lambda \in \Lambda}$ に対して、和を
$$\bigcup_{\lambda \in \Lambda} A_\lambda := \{x \mid \exists \lambda \in \Lambda \quad x \in A_\lambda\}$$

共通部分を
$$\bigcap_{\lambda \in \Lambda} A_\lambda := \{x \mid \forall \lambda \in \Lambda \quad x \in A_\lambda\}$$

と定義する。

もちろん上の定義は今までの和、共通部分の定義を含みます。例えば、
$$A_1 \cup A_2 = \bigcup_{\lambda \in \{1,2\}} A_\lambda$$
$$A_1 \cap A_2 \cap \cdots A_k \cap \cdots = \bigcap_{\lambda \in \mathbb{N}} A_\lambda$$

などと表すことができます。

定理 2.1.18 集合族 $\{A_\lambda\}_{\lambda \in \Lambda}$ に対して

(1) $B \cup \bigcap_{\lambda \in \Lambda} A_\lambda = \bigcap_{\lambda \in \Lambda} (B \cup A_\lambda)$

(2) $B \cap \bigcup_{\lambda \in \Lambda} A_\lambda = \bigcup_{\lambda \in \Lambda} (B \cap A_\lambda)$

証明 (1) 次のように $\subset$ と $\supset$ が同時に示されます。
$$\forall x \quad (\quad x \in B \cup \bigcap_{\lambda \in \Lambda} A_\lambda$$
$$\leftrightarrow x \in B \text{ または } x \in \bigcap_{\lambda \in \Lambda} A_\lambda$$

$$\leftrightarrow x \in B \text{ または } (\forall \lambda \in \Lambda \quad x \in A_\lambda)$$
$$\leftrightarrow \forall \lambda \in \Lambda \quad (x \in B \text{ または } x \in A_\lambda)$$
$$\leftrightarrow \forall \lambda \in \Lambda \quad x \in B \cup A_\lambda$$
$$\leftrightarrow x \in \bigcap_{\lambda \in \Lambda} (B \cup A_\lambda)$$

が成立します。したがって、結論を得ます。ここで、$P \leftrightarrow Q$ は $((P \to Q) \land (P \leftarrow Q))$ を意味します。

(2) 同じように $\subset$ と $\supset$ が同時に示されます。

$$\forall x \quad (\quad x \in B \cap \bigcup_{\lambda \in \Lambda} A_\lambda$$
$$\leftrightarrow x \in B \text{ かつ } x \in \bigcup_{\lambda \in \Lambda} A_\lambda$$
$$\leftrightarrow x \in B \text{ かつ } (\exists \lambda \in \Lambda \quad x \in A_\lambda)$$
$$\leftrightarrow \exists \lambda \in \Lambda \quad (x \in B \text{ かつ } x \in A_\lambda)$$
$$\leftrightarrow \exists \lambda \in \Lambda \quad x \in B \cap A_\lambda$$
$$\leftrightarrow x \in \bigcup_{\lambda \in \Lambda} (B \cap A_\lambda) \quad)$$

が成立します。 □

問題 2.1.19 集合族 $\{A_\lambda\}_{\lambda \in \Lambda}$ に対して、次を示しなさい。

(1) $(\exists \lambda \in \Lambda \quad X \subset A_\lambda)$ ならば $X \subset \bigcup_{\lambda \in \Lambda} A_\lambda$

(2) $(\forall \lambda \in \Lambda \quad A_\lambda \subset X)$ ならば $\bigcup_{\lambda \in \Lambda} A_\lambda \subset X$

(3) $(\exists \lambda \in \Lambda \quad A_\lambda \subset X)$ ならば $\bigcap_{\lambda \in \Lambda} A_\lambda \subset X$

(4) $(\forall \lambda \in \Lambda \quad X \subset A_\lambda)$ ならば $X \subset \bigcap_{\lambda \in \Lambda} A_\lambda$

(5) $X \subset \bigcap_{\lambda \in \Lambda} A_\lambda$ ならば $(\forall \lambda \in \Lambda \quad X \subset A_\lambda)$

(6) $\bigcup_{\lambda \in \Lambda} A_\lambda \subset X$ ならば $(\forall \lambda \ A_\lambda \subset X)$

(7) $\forall \lambda \in \Lambda \ A_\lambda \subset \bigcup_{\lambda \in \Lambda} A_\lambda$

(8) $\forall \lambda \in \Lambda \ \bigcap_{\lambda \in \Lambda} A_\lambda \subset A_\lambda$

(9) $\bigcap_{\lambda \in \Lambda} A_\lambda \subset \bigcup_{\lambda \in \Lambda} A_\lambda$

具体例で無限集合族の和と共通部分を見てみましょう。

例 2.1.20 添字集合を $\mathbb{N}$ として、$A_n := \left(0, 1-\dfrac{1}{n}\right]$ とすると $\bigcup_{n \in \mathbb{N}} A_n = (0, 1)$ となります。

解説 まず、$\bigcup_{n \in \mathbb{N}} A_n \subset (0, 1)$ を示します。$\forall x \in \bigcup_{n \in \mathbb{N}} A_n$ に対して、和の定義より $\exists n \in \mathbb{N} \ 0 < x < 1 - \dfrac{1}{n}$ となりますが、$1 - \dfrac{1}{n} < 1$ より、$x \in (0, 1)$ なので結論を得ます。

次に、逆の包含関係、$\bigcup_{n \in \mathbb{N}} A_n \supset (0, 1)$ を示します。$\forall x \in (0, 1)$ に対して、「アルキメデスの原理」(後の定理 3.2.43 で詳しく述べます) から正数 $\dfrac{1}{1-x}$ がどんなに大きくても、この正数を超える自然数 N の存在が分かっていますので、$\exists N \in \mathbb{N} \ x \leq 1 - \dfrac{1}{N}$ となります。

したがって、$x \in \left(0, 1-\dfrac{1}{N}\right] = A_N \subset \bigcup_{n \in \mathbb{N}} A_n$ から逆の包含関係が証明できます。包含関係 $A_N \subset \bigcup_{n \in \mathbb{N}} A_n$ は問題 2.1.19 の (7) を見てください。 □

例 2.1.21 $\mathbb{N}$ を添字集合として、集合族 $\left\{ B_n = \left[0, 1 + \dfrac{1}{n} \right) \right\}_{n \in \mathbb{N}}$ を考えると、$\bigcap_{n \in \mathbb{N}} B_n = [0, 1]$ となります。

解説 $\forall n \in \mathbb{N}$ に対して、$[0, 1] \subset B_n = \left[0, 1 + \dfrac{1}{n} \right]$ となるので、$\bigcap_{n \in \mathbb{N}} B_n \supset [0, 1]$ はすぐに分かります。

逆の包含関係を示します。$\forall x \in \bigcap_{n \in \mathbb{N}} B_n$ に対して、$\forall n \in \mathbb{N}$ $x \in B_n = \left[0, 1 + \dfrac{1}{n} \right)$ です。以下、背理法で証明します。$x \notin [0, 1]$ と仮定すると $1 < x$ または $x < 0$ となります。まず、$1 < x$ とすると、アルキメデスの原理から $\exists N \in \mathbb{N}$ $1 + \dfrac{1}{N} < x$ となります。

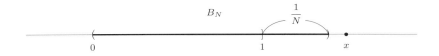

これは、$x \notin B_N$ を意味しますが、明らかに仮定に反します。$x < 0$ としても同様に矛盾を得ますので、$x \in [0, 1]$ を得ます。 □

問題 2.1.22 次を示しなさい。

(1) $A_n := \left\{ (x, y) \ \middle| \ x^2 + y^2 \leq 1 - \dfrac{1}{n} \right\}$ としたとき、
$$\bigcup_{n \in \mathbb{N}} A_n = \{ (x, y) \mid x^2 + y^2 < 1 \}$$

(2) $B_n := \left\{ (x, y) \ \middle| \ x^2 + y^2 < 1 + \dfrac{1}{n} \right\}$ としたとき、
$$\bigcap_{n \in \mathbb{N}} B_n = \{ (x, y) \mid x^2 + y^2 \leq 1 \}$$

1.1.5 節で証明したド・モルガンの法則の集合族版を紹介します。

定理 2.1.23 集合 X の部分集合である集合族 $\{A_\lambda\}_{\lambda \in \Lambda}$ に対して、次が成り立つ。
  (1) $X - \bigcup_{\lambda \in \Lambda} A_\lambda = \bigcap_{\lambda \in \Lambda} (X - A_\lambda)$
  (2) $X - \bigcap_{\lambda \in \Lambda} A_\lambda = \bigcup_{\lambda \in \Lambda} (X - A_\lambda)$

証明 既に証明した論理のド・モルガンの定理を用います。(1) については、次の通りです。

$$\begin{aligned}
\forall x \quad (\quad & x \in X - \bigcup_{\lambda \in \Lambda} A_\lambda \\
\leftrightarrow\ & x \in X \wedge x \notin \bigcup_{\lambda \in \Lambda} A_\lambda \\
\leftrightarrow\ & x \in X \wedge \sim (\exists \lambda \quad x \in A_\lambda) \\
\leftrightarrow\ & x \in X \wedge (\forall \lambda \quad x \notin A_\lambda) \\
\leftrightarrow\ & \forall \lambda \quad (x \in X \wedge x \notin A_\lambda) \\
\leftrightarrow\ & \forall \lambda \quad x \in X - A_\lambda \\
\leftrightarrow\ & x \in \bigcap_{\lambda \in \Lambda} (X - A_\lambda) \quad)
\end{aligned}$$

が成立します。したがって、$\subset$ と $\supset$ が同時に示されました。(2) の証明は演習問題として残しておきます。 □

問題 2.1.24 定理 2.1.23 の (2) を証明しなさい。

次の演習問題はド・モルガンの定理 2.1.23 の応用です。

問題 2.1.25 次の等式を前節の問題 2.1.22 とド・モルガンの定理を用いて示しなさい。

  (1) $C_n := \left\{ (x,y) \mid x^2 + y^2 > 1 - \dfrac{1}{n} \right\}$ としたとき、
$$\bigcap_{n \in \mathbb{N}} C_n = \{(x,y) \mid x^2 + y^2 \geq 1\}$$

(2) $D_n := \left\{ (x,y) \;\middle|\; x^2 + y^2 \geqq 1 + \dfrac{1}{n} \right\}$ としたとき、
$$\bigcup_{n \in \mathbb{N}} D_n = \{(x,y) \mid x^2 + y^2 > 1\}$$

★ 2.1.5　集合の直積

定義 2.1.26 2つの集合 A, B に対して、次の集合を A, B の**直積** (cartesian product) という。
$$A \times B := \{(x,y) \mid x \in A \text{ かつ } y \in B\}$$

ここで、(x,y) は順序対である。また集合 A に対して、直積 $A \times A$ を A^2 で表す。(A の 2 乗とは読まず、エイ・ツー などと読む。)

順序対というのは x, y の順番まで考慮した対 (x,y) のことを指します。これに対して、集合 $\{x, y\}$ は、$\{x, y\} = \{y, x\}$ なので順序対ではありません。$\mathbb{R}^2$ は $\mathbb{R}$ と $\mathbb{R}$ の直積と考えることができます。つまり、$\mathbb{R}^2 = \mathbb{R} \times \mathbb{R}$ です。

例 2.1.27 集合の直積について、

(1) $(A \times B) \cap (C \times D) = (A \cap C) \times (B \cap D)$ が成り立ちます。

(2) $(A \times B) \cup (C \times D) = (A \cup C) \times (B \cup D)$ は一般には成立しません。

解説　この例を考えるとき、次の図は助けになります。

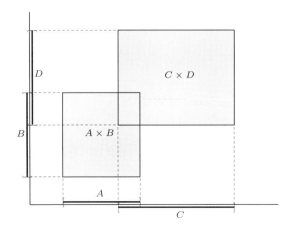

まず、(1) について、$\forall (x,y)$ に対して、

$$\begin{aligned}
\forall (x,y) \quad (\quad &(x,y) \in (A \times B) \cap (C \times D) \\
&\leftrightarrow (x,y) \in A \times B \wedge (x,y) \in C \times D \\
&\leftrightarrow (x \in A \wedge y \in B) \wedge (x \in C \wedge y \in D) \\
&\leftrightarrow (x \in A \wedge x \in C) \wedge (y \in B \wedge y \in D) \\
&\leftrightarrow (x \in A \cap C) \wedge (y \in B \cap D) \\
&\leftrightarrow (x,y) \in (A \cap C) \times (B \cap D) \quad\quad)
\end{aligned}$$

が成立するので、(1) は成立します。

(2) について、具体的な例を挙げましょう。$A = \{1,2\}$, $B = \{a,b\}$, $C = \{2,3\}$, $D = \{b,c\}$ (ただし、a, b, c は互いに異なるとします) に対して、

$$\begin{aligned}
A \times B &= \{(1,a), (1,b), (2,a), (2,b)\} \\
C \times D &= \{(2,b), (2,c), (3,b), (3,c)\} \\
A \cup C &= \{1,2,3\} \\
B \cup D &= \{a,b,c\}
\end{aligned}$$
$$(A \times B) \cup (C \times D) = \{(1,a), (1,b), (2,a), (2,b), (2,c), (3,b), (3,c)\}$$
$$\begin{aligned}
(A \cup C) \times (B \cup D) = \{&(1,a), (1,b), (1,c), (2,a), (2,b), (2,c), \\
&(3,a), (3,b), (3,c)\}
\end{aligned}$$

となるので、両者は一致しません。 $\square$

有限個の集合 $A_1, \cdots, A_k$ に対して、これらの集合の直積集合

$$A_1 \times A_2 \times \cdots \times A_k := \{(x_1, \cdots, x_k) \mid x_i \in A_i \quad (i = 1, 2, \cdots, k)\}$$

が定義されます。ここで、$(x_1, \cdots, x_k)$ は $x_1, \cdots, x_k$ を順番まで考慮した組です。$\mathbb{R}^m = \overbrace{\mathbb{R} \times \cdots \times \mathbb{R}}^{m}$ はその例です。

● 2.2 写像

2つの集合の元の間にある規則に基づく対応を考えます。このような考え方はすでに中学校の数学に関数として登場しています。例えば、関数 $y = x^2$ は2つの実数の集合 $\mathbb{R}$ と $\mathbb{R}$ を用意して、一方の $\mathbb{R}$ の元 x に対して、他方の $\mathbb{R}$ の元 x^2 を対応させているとみることができます。ここでは高校までで学んできた関数よりもより広い意味の「写像」を定義しその性質を探ることにします。

★ 2.2.1 写像の定義

定義 2.2.1 2つの集合 X, Y があるとき、X の任意の元 x に Y のある元 y をただ1つだけ対応させる規則 f があるとき、この3つ組 (X, Y, f) を X から Y への**写像** (map) という。X を**始域** (source) または**定義域** (domain)、Y を**終域** (target) または**値域** (range) という。x に対応する y を $y = f(x)$ と表し、f による x の**像** (image) という。写像は記号で

$$f : X \longrightarrow Y \quad \text{または} \quad X \xrightarrow{f} Y$$
$$x \longmapsto f(x) \qquad\qquad x \longmapsto f(x)$$

などと表す。始域と終域が明らかなときには、これらを省略してただ単に写像 f というときもある。また、終域 Y が $\mathbb{R}$ のように数からなる集合の時には写像を**関数** (function) と呼ぶことがある。

注意 2.2.2 写像 f の始域が $\mathbb{R}^m$ のとき、$(x_1, \cdots, x_m)$ の像は定義によれば $f((x_1, \cdots, x_m))$ ですが、これは普通 $f(x_1, \cdots, x_m)$ と書かれます。

写像を定義するときには、「始域」、「終域」、「対応規則」の3つが必須です。高校までのように始域や終域を曖昧に「関数 $y = x^2$」などという表現はもはや許されません。この関数は、例えば

$$f : \mathbb{R} \longrightarrow \mathbb{R}$$
$$x \longmapsto x^2$$

と明確に表さなければなりません。

写像は、「始域」、「終域」、「対応規則」で決まりますので、そのうち1つでも異なれば写像として違うものになります。例えば

$$f : \mathbb{R} \longrightarrow \{y \mid y \geq 0\}$$
$$x \longmapsto x^2$$

は前の写像と比べると終域が異なるので同じ写像ではありません。写像 (X, Y, f) と写像 (Z, W, g) が一致するというのは、$X = Z$, $Y = W$ かつ $f = g$ を意味します。

始域の元に対して終域の元が「ただ 1 つ定まる」というのは定義において重要な箇所です。

問題 2.2.3 次は写像を定義するでしょうか？
(1) $\mathbb{R}$ の元 x に対して、2 乗すると x になる $\mathbb{R}$ の元を対応させる。
(2) 0 以上の実数からなる集合 $\mathbb{R}_{\geq 0}$ の元 x に対して、2 乗すると x になる $\mathbb{R}$ の元を対応させる。
(3) 0 以上の実数からなる集合 $\mathbb{R}_{\geq 0}$ の元 x に対して、2 乗すると x になる 0 以上の $\mathbb{R}$ の元を対応させる。

問題 2.2.4 次は写像を定義するでしょうか？
(1) $\mathbb{R}$ 上のベクトル空間 V の 1 つの基底を $v_1, \cdots, v_k$ とするとき、V の任意の元 v に対して、v を基底の線形結合で $v = c_1 v_1 + \cdots + c_k v_k$ と表して、$\mathbb{R}^k$ の元 $(c_1, \cdots, c_k)$ を対応させる。
(2) 平面上の原点を中心とする閉円板 D の任意の点 x に対して、x と原点を結ぶ直線と D の周の交点を対応させる。

実際の写像の例を見ていきましょう。

例 2.2.5 (1) 集合 X に対して、
$$\mathrm{id}_X : X \longrightarrow X$$
$$x \longmapsto x$$
を X の**恒等写像** (identity map of X) といいます。

(2) $X \subset Y$ に対して、
$$\iota_X : X \hookrightarrow Y$$
$$x \longmapsto x$$

を X から Y への**包含写像** (inclusion map) といいます。矢印記号が鉤 (かぎ) 型になっていることに注意してください。元の対応を省略してただ単に

$$\iota_X : X \hookrightarrow Y$$

と書いても包含写像とみなされます。

(3) 集合 X, Y と Y の元 b が与えられているとき、
$$c : X \longrightarrow Y$$
$$x \longmapsto b$$

を**定値写像** (constant map) といいます。

(4) 写像 $f : X \longrightarrow Y$ が与えられたとき、X の部分集合 A に対して、写像
$$f|_A : A \longrightarrow Y$$
$$x \longmapsto f(x)$$

を f の A への**制限写像** (restriction of f) といいます。

(5) ある $m \times n$ 行列 A に対して、
$$L : \mathbb{R}^n \longrightarrow \mathbb{R}^m$$
$$\begin{pmatrix} x_1 \\ \vdots \\ x_n \end{pmatrix} \longmapsto A \begin{pmatrix} x_1 \\ \vdots \\ x_n \end{pmatrix}$$

を行列 A で定められる $\mathbb{R}^n$ から $\mathbb{R}^m$ への**線形写像** (linear map) といいます。

★ **2.2.2 写像の像・逆像**

定義 2.2.1 では、定義域の元 x の写像 f による像 $f(x)$ を定義しました。この節では、写像による部分集合の像と逆像を定義し、その性質を調べます。

定義 2.2.6 写像

$$f : X \longrightarrow Y$$
$$x \longmapsto f(x)$$

と集合 $A \subset X$ に対して、Y の部分集合

$$f(A) := \{y \,|\, \exists x \in A \quad y = f(x)\}$$

を写像 f による A の**像** (image of A by f) という。

$f(A)$ は A の元の f による像の全体です。

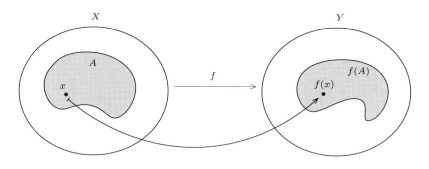

また、写像の逆像が次のように定義されます。

定義 2.2.7 写像

$$f : X \longrightarrow Y$$
$$x \longmapsto f(x)$$

と集合 $B \subset Y$ に対して、X の部分集合

$$f^{-1}(B) := \{x \,|\, f(x) \in B\}$$

を写像 f による B の**逆像** (inverse image of B by f) という。

$f^{-1}(B)$ は f で送ると B の元になる X の元の全体ということができます。

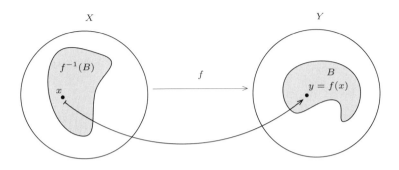

例 2.2.8 写像

$$f : [-\pi, \pi] \longrightarrow \mathbb{R}$$
$$x \longmapsto \cos x$$

に対して、$A = \left[-\dfrac{\pi}{4}, \dfrac{\pi}{4}\right]$, $B = \left[-1, -\dfrac{1}{2}\right]$ としたとき、$f(A), f^{-1}(B)$ をそれぞれ求めてみましょう。

解説 次の図を見て像と逆像の見当をつけましょう。

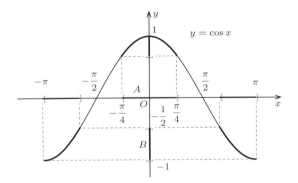

少し丁寧に説明することにします。まず、$f(A) = \left[\dfrac{1}{\sqrt{2}}, 1\right]$ となることを示しましょう。$\forall y \in f(A)$ に対して、$\exists x \in A$ $y = \cos x$ となります。このとき、$-\dfrac{\pi}{4} \leq x \leq \dfrac{\pi}{4}$ です。したがって、$\dfrac{1}{\sqrt{2}} \leq f(x) \leq 1$ なので、$y = f(x) \in$

$\left[\frac{1}{\sqrt{2}}, 1\right]$ となります。つまり、$f(A) \subset \left[\frac{1}{\sqrt{2}}, 1\right]$ が示されました。次に、$\forall y \in \left[\frac{1}{\sqrt{2}}, 1\right]$ に対して、$f(x) = y \in \left[\frac{1}{\sqrt{2}}, 1\right]$ となる x を探せばよいのですが、3 角関数を定義した単位円を考えれば、次の図のようになります。

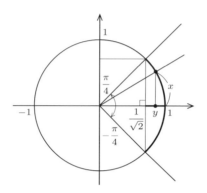

このような x は $A = \left[-\frac{\pi}{4}, \frac{\pi}{4}\right]$ の点であることが分かります。したがって、$\left[\frac{1}{\sqrt{2}}, 1\right] \subset f(A)$ が示され、$f(A) = \left[\frac{1}{\sqrt{2}}, 1\right]$ が得られました。

$f^{-1}(B) = \left[-\pi, -\frac{2}{3}\pi\right] \cup \left[\frac{2}{3}\pi, \pi\right]$ を示しましょう。まず、$\forall x \in f^{-1}(B)$ に対して、$f(x) \in B = \left[-1, -\frac{1}{2}\right]$、すなわち $-1 \leq \cos x \leq -\frac{1}{2}$ なので、同じように余弦 (cos) を定義した単位円を考えれば、このような x は $\left[-\pi, -\frac{2}{3}\pi\right] \cup \left[\frac{2}{3}\pi, \pi\right]$ の点であることが分かります。したがって、$f^{-1}(B) \subset \left[-\pi, -\frac{2}{3}\pi\right] \cup \left[\frac{2}{3}\pi, \pi\right]$ が示されました。次に、$\forall x \in \left[-\pi, -\frac{2\pi}{3}\right] \cup \left[\frac{2\pi}{3}, \pi\right]$ に対して、$-1 \leq \cos x \leq -\frac{1}{2}$ なので、$\left[-\pi, -\frac{2}{3}\pi\right] \cup \left[\frac{2}{3}\pi, \pi\right] \subset f^{-1}(B)$、よって $f^{-1}(B) = \left[-\pi, -\frac{2}{3}\pi\right] \cup \left[\frac{2}{3}\pi, \pi\right]$ が得られました。 □

問題 2.2.9 上の例 2.2.8 で $f\left(\left[-\frac{\pi}{6}, \frac{\pi}{3}\right]\right)$, $f^{-1}\left(\left[-\frac{1}{\sqrt{2}}, \frac{\sqrt{3}}{2}\right]\right)$ をそれぞれ求めなさい。

問題 2.2.10 写像

$$f : [-\pi, \pi] \longrightarrow \mathbb{R}$$
$$x \longmapsto \sin x$$

に対して、$A = \left[\dfrac{\pi}{4}, \dfrac{\pi}{2}\right]$ とおくとき、$f(A)$ を求めなさい。また、$B = \left[-\dfrac{\sqrt{2}}{2}, \dfrac{\sqrt{3}}{2}\right]$ とするとき、$f^{-1}(B)$ を求めなさい。

少し複雑な写像の像と逆像を考えてみましょう。$\mathbb{R}^3$ における 2 次元単位球面 (unit 2–sphere)

$$S^2 = \{(x, y, z) \mid x^2 + y^2 + z^2 = 1\}$$

から北極 (north pole) $N = (0, 0, 1)$ を除いた集合 $S^2 - \{N\}$ 上の点 p に対して、この点と N を結ぶ直線と xy–平面との交点を対応させる写像

$$\pi : S^2 - \{N\} \longrightarrow \mathbb{R}^2$$
$$p \longmapsto \pi(p)$$

を**立体射影** (stereographic projection) といいます。

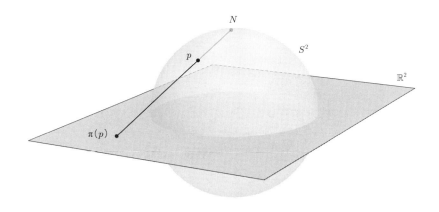

この写像による像と逆像を考えてみましょう。

問題 2.2.11 上で定義した立体射影 π に関して、次の問いに答えなさい。なお、経度 $0°$ の経線は座標 $(1,0,0)$ を通る経線とします。

(1) A_1 を S^2 上の北緯 $30°$ の緯線とするとき、$\pi(A_1)$ を求めなさい。

(2) A_2 と南緯 $30°$ の緯線とするとき、$\pi(A_2)$ を求めなさい。

(3) A_3 を東経 $45°$ の経線とするとき、$\pi(A_3)$ を求めなさい。

(4) A_4 を西経 $30°$ の経線とするとき、$\pi(A_4)$ を求めなさい。

(5) B_1 を xy–平面上の原点を中心とする半径 2 の円周とするとき、$\pi^{-1}(B_1)$ を求めなさい。

(6) B_2 を xy–平面上で方程式が $y = -x$ の直線とするとき、$\pi^{-1}(B_2)$ を求めなさい。

定理 2.2.12 写像 $f: X \longrightarrow Y$ が与えられたとき

(1) $A \subset B \subset X$ に対して、$f(A) \subset f(B)$ が成り立つ。

(2) $C \subset D \subset Y$ に対して、$f^{-1}(C) \subset f^{-1}(D)$ が成り立つ。

(3) $A, B \subset X$ に対して、$f(A \cup B) = f(A) \cup f(B)$ が成り立つ。

(4) $A, B \subset X$ に対して、$f(A \cap B) \subset f(A) \cap f(B)$ が成り立つ。

(5) $C, D \subset X$ に対して、$f^{-1}(C \cup D) = f^{-1}(C) \cup f^{-1}(D)$ が成り立つ。

(6) $C, D \subset X$ に対して、$f^{-1}(C \cap D) = f^{-1}(C) \cap f^{-1}(D)$ が成り立つ。

(7) $A, B \subset X$ に対して、$f(A - B) \supset f(A) - f(B)$ が成り立つ。

(8) $C, D \subset X$ に対して、$f^{-1}(C - D) = f^{-1}(C) - f^{-1}(D)$ が成り立つ。

証明 (1) $\forall y \in f(A)$ に対して、$\exists x \in A \ \ y = f(x)$ です。一方、仮定より $x \in B$ なので、$y = f(x) \in f(B)$ となり、結論を得ます。

(2) $\forall x \in f^{-1}(C)$ に対して、$f(x) \in C$ です。一方、仮定より $f(x) \in D$ なので、$x \in f^{-1}(D)$ となり、結論を得ます。

(3) $\forall y \in f(A \cup B)$ に対して、$\exists x \in A \cup B \ \ y = f(x)$ となります。ここで、$x \in A$ または $x \in B$ なので、$y = f(x) \in f(A)$ または $y = f(x) \in f(B)$ が成り立ちます。したがって、$y \in f(A) \cup f(B)$ です。よって、$f(A \cup B) \subset f(A) \cup f(B)$ を得ます。(1) によれば、$f(A) \subset f(A \cup B)$ かつ $f(B) \subset f(A \cup B)$

なので、$f(A) \cup f(B) \subset f(A \cup B)$ となります。したがって、結論を得ます。

(4) (1) より、$f(A \cap B) \subset f(A)$ かつ $f(A \cap B) \subset f(B)$ なので、$f(A \cap B) \subset f(A) \cap f(B)$ を得ます。

(5) $x \in f^{-1}(C \cup D)$ とします。このとき、$f(x) \in C \cup D$ なので、$f(x) \in C$ または $f(x) \in D$ となります。前者のときには $x \in f^{-1}(C)$、後者のときには $x \in f^{-1}(D)$ となります。したがって $x \in f^{-1}(C) \cup f^{-1}(D)$ となり、$f^{-1}(C \cup D) \subset f^{-1}(C) \cup f^{-1}(D)$ が得られます。次に逆の包含関係を示します。(2) より $f^{-1}(C) \subset f^{-1}(C \cup D)$, $f^{-1}(D) \subset f^{-1}(C \cup D)$ なので $f^{-1}(C) \cup f^{-1}(D) \subset f^{-1}(C \cup D)$ となります。したがって、結論を得ます。

(6) (2) より $f^{-1}(C \cap D) \subset f^{-1}(C)$、$f^{-1}(C \cap D) \subset f^{-1}(D)$ なので、$f^{-1}(C \cap D) \subset f^{-1}(C) \cap f^{-1}(D)$ となります。逆の包含関係を示します。$x \in f^{-1}(C) \cap f^{-1}(D)$ とします。このとき、$x \in f^{-1}(C)$ かつ $x \in f^{-1}(D)$ なので、$f(x) \in C$ かつ $f(x) \in D$ であることが分かります。よって、$f(x) \in C \cap D$ となります。したがって $x \in f^{-1}(C \cap D)$ なので、$f^{-1}(C) \cap f^{-1}(D) \subset f^{-1}(C \cap D)$ が得られます。

(7) $y \in f(A) - f(B)$ とすると、$y \in f(A)$ かつ $y \notin f(B)$ となります。$y \in f(A)$ なので $\exists a \in A \quad y = f(a)$ です。もし、$a \in B$ とすると $y = f(a) \in f(B)$ となってしまうので、$a \notin B$ であることが分かります。したがって、$a \in A - B$ で、$y = f(a) \in f(A - B)$ が得られます。

(8) $x \in f^{-1}(C - D)$ とすると $f(x) \in C - D$ なので、$f(x) \in C$ かつ $f(x) \notin D$ となります。よって、$x \in f^{-1}(C)$ かつ $x \notin f^{-1}(D)$ です。したがって、$x \in f^{-1}(C) - f^{-1}(D)$ となり、$f^{-1}(C - D) \subset f^{-1}(C) - f^{-1}(D)$ が得られます。上の議論を逆にたどることにより $f^{-1}(C - D) \supset f^{-1}(C) - f^{-1}(D)$ も得られます。 □

問題 2.2.13 (1) 定理 2.2.12 の (4) について、$f(A \cap B) = f(A) \cap f(B)$ が成立しない例を挙げなさい。

(2) 定理 2.2.12 の (7) について、$f(A - B) = f(A) - f(B)$ が成立しない例を挙げなさい。

定理 2.2.14 写像 $f : X \longrightarrow Y$ に対して、

(1) X の任意の部分集合 A に対して $A \subset f^{-1}(f(A))$ となる。

(2) Y の任意の部分集合 B に対して $f(f^{-1}(B)) \subset B$ となる。

証明 (1) $\forall x \in A$ に対して、$f(x) \in f(A)$ なので、$x \in f^{-1}(f(A))$ となります。よって、$A \subset f^{-1}(f(A))$ が成り立ちます。

(2) $\forall y \in f(f^{-1}(B))$ に対して、$\exists x \in f^{-1}(B)$ $y = f(x)$ となります。したがって、$y = f(x) \in B$ となるので、$f(f^{-1}(B)) \subset B$ を得ます。 □

この定理に関連して、次の練習問題を考えてください。

問題 2.2.15 定理 2.2.14 に関して、次の問題に答えなさい。

(1) 定理の (1) で、$A \neq f^{-1}(f(A))$ となる例を考えなさい。

(2) 定理の (2) で、$f(f^{-1}(B)) \neq B$ となる例を考えなさい。

定理 2.2.12 の (3) と (4) は次のように一般化されます。

定理 2.2.16 写像 $f : X \longrightarrow Y$, $A_\lambda \subset X$ $(\lambda \in \Lambda)$ に対して、次が成り立つ。

(1) $f\left(\bigcup_{\lambda \in \Lambda} A_\lambda\right) = \bigcup_{\lambda \in \Lambda} f(A_\lambda)$

(2) $f\left(\bigcap_{\lambda \in \Lambda} A_\lambda\right) \subset \bigcap_{\lambda \in \Lambda} f(A_\lambda)$

証明 (1) $\forall y \in f\left(\bigcup_{\lambda \in \Lambda} A_\lambda\right)$ に対して、$\exists x \in \bigcup_{\lambda \in \Lambda} A_\lambda$ $y = f(x)$ です。このとき、$\exists \lambda \in \Lambda$ $x \in A_\lambda$ なので、$y = f(x) \in f(A_\lambda)$ となります。したがって、$y \in \bigcup_{\lambda \in \Lambda} f(A_\lambda)$ となり、$f\left(\bigcup_{\lambda \in \Lambda} A_\lambda\right) \subset \bigcup_{\lambda \in \Lambda} f(A_\lambda)$ を得ます。

次に、$\forall \lambda \in \Lambda$ に対して、$A_\lambda \subset \bigcup_{\lambda \in \Lambda} A_\lambda$ より $f(A_\lambda) \subset f\left(\bigcup_{\lambda \in \Lambda} A_\lambda\right)$ なの

で、$\bigcup_{\lambda \in \Lambda} f(A_\lambda) \subset f\left(\bigcup_{\lambda \in \Lambda} A_\lambda\right)$ となります。したがって、結論を得ます。

(2) $\forall \lambda \in \Lambda$ に対して、$\bigcap_{\lambda \in \Lambda} A_\lambda \subset A_\lambda$ なので、$f\left(\bigcap_{\lambda \in \Lambda} A_\lambda\right) \subset f(A_\lambda)$ となります。したがって、結論を得ます。 □

定理 2.2.12 の (5) と (6) は次のように一般化されます。

定理 2.2.17 写像 $f : X \longrightarrow Y$, $B_\lambda \subset Y$ $(\lambda \in \Lambda)$ に対して、

(1) $f^{-1}\left(\bigcup_{\lambda \in \Lambda} B_\lambda\right) = \bigcup_{\lambda \in \Lambda} f^{-1}(B_\lambda)$

(2) $f^{-1}\left(\bigcap_{\lambda \in \Lambda} B_\lambda\right) = \bigcap_{\lambda \in \Lambda} f^{-1}(B_\lambda)$

証明 (1) $x \in f^{-1}\left(\bigcup_{\lambda \in \Lambda} B_\lambda\right)$ とします。このとき $f(x) \in \bigcup_{\lambda \in \Lambda} B_\lambda$ なので、$\exists \lambda \in \Lambda$ $f(x) \in B_\lambda$ となります。したがって、$x \in f^{-1}(B_\lambda)$ なので $x \in \bigcup_{\lambda \in \Lambda} f^{-1}(B_\lambda)$ を得ます。ゆえに $f^{-1}\left(\bigcup_{\lambda \in \Lambda} B_\lambda\right) \subset \bigcup_{\lambda \in \Lambda} f^{-1}(B_\lambda)$。逆の包含関係は上の議論を逆にたどることにより示されますが、念のため確認しておきましょう。$x \in \bigcup_{\lambda \in \Lambda} f^{-1}(B_\lambda)$ とします。このとき $\exists \lambda_0 \in \Lambda$ $x \in f^{-1}(B_{\lambda_0})$ です。したがって $f(x) \in B_{\lambda_0}$ で、$f(x) \in \bigcup_{\lambda \in \Lambda} B_\lambda$ となります。こうして $x \in f^{-1}\left(\bigcup_{\lambda \in \Lambda} B_\lambda\right)$ が得られます。

(2) $x \in f^{-1}\left(\bigcap_{\lambda \in \Lambda} B_\lambda\right)$ とします。このとき、$f(x) \in \bigcap_{\lambda \in \Lambda} B_\lambda$ なので、$\forall \lambda \in \Lambda$ $f(x) \in B_\lambda$ となります。したがって、$\forall \lambda \in \Lambda$ $x \in f^{-1}(B_\lambda)$ で、$x \in \bigcap_{\lambda \in \Lambda} f^{-1}(B_\lambda)$ が得られます。こうして $f^{-1}\left(\bigcap_{\lambda \in \Lambda} B_\lambda\right) \subset \bigcap_{\lambda \in \Lambda} f^{-1}(B_\lambda)$ が示

されます。上の議論を逆にたどることにより $f^{-1}\left(\bigcap_{\lambda \in \Lambda} B_\lambda\right) \supset \bigcap_{\lambda \in \Lambda} f^{-1}(B_\lambda)$ が示されます。 □

★ 2.2.3 単射・全射・全単射

この節では、写像の中でも特に重要な単射・全射・全単射 を定義し、その性質について解説します。

定義 2.2.18 写像 $f: X \longrightarrow Y$ に対して、

(1) f が**単射である** (injective) とは、
$$\forall x, x' \in X \quad (x \neq x' \to f(x) \neq f(x'))$$
が成立することをいう。対偶をとれば
$$\forall x, x' \in X \quad (f(x) = f(x') \to x = x')$$
が成立すると表現することもできる。

(2) f が**全射である** (surjective) とは、
$$\forall y \in Y \quad \exists x \in X \quad y = f(x)$$
が成立することをいう。

(3) f が**全単射である** (bijective) とは、全射かつ単射であることをいう。

単射でないことは、
$$\sim (\forall x, x' \in X \quad (x \neq x' \to f(x) \neq f(x')))$$
$$\equiv \exists x, x' \in X \quad \sim (x = x' \text{ or } f(x) \neq f(x')))$$
$$\equiv \exists x, x' \in X \quad x \neq x' \land f(x) = f(x')$$
と表せます。また、全射でないことは、
$$\sim (\forall y \in Y \quad \exists x \in X \quad y = f(x))$$
$$\equiv \exists y \in Y \quad \sim (\exists x \in X \quad y = f(x))$$
$$\equiv \exists y \in Y \quad \forall x \in X \quad y \neq f(x)$$

と表せます。

例 2.2.19 以下の写像の単射性、全射性について考えてみましょう。

(1) $f : \mathbb{R} \longrightarrow \mathbb{R}$
$x \longmapsto x^2$

(2) $f : \{x \mid x \geq 0\} \longrightarrow \mathbb{R}$
$\phantom{f : \{x \mid x \geq 0\}\ }x \longmapsto x^2$

(3) $f : \mathbb{R} \longrightarrow \{y \mid y \geq 0\}$
$x \longmapsto x^2$

(4) $f : \{x \mid x \geq 0\} \longrightarrow \{y \mid y \geq 0\}$
$\phantom{f : \{x \mid x \geq 0\}\ }x \longmapsto x^2$

解説 (1) まず、この写像は単射ではありません。なぜなら、$1, -1$ に対して、$f(1) = 1 = f(-1)$ となるからです。また、全射でもありません。なぜなら、$f(x) = -1$ を満たす $x \in \mathbb{R}$ は存在しないからです。

(2) この写像は単射です。なぜなら、$\{x \mid x \geq 0\}$ の任意の x, x' に対して、$f(x) = f(x')$ とすると、$x^2 = (x')^2$ から $(x - x')(x + x') = 0$ となりますが、$x + x' = 0$ となるのは $x, x' \geq 0$ なので $x = x' = 0$ のときのみです。それ以外のときは $x + x' > 0$ ですから、$x - x' = 0$、すなわち $x = x'$ を得ます。したがって、f は単射です。f が全射でない理由は (1) と同じです。

(3) まず、この写像は全射です。なぜなら、$\{y \mid y \geq 0\}$ の任意の y に対して、$x = \sqrt{y}$ と置くことができます。このとき、$x^2 = (\sqrt{y})^2 = y$ となりますので、$y = f(x)$ が満たされ f は全射です。単射ではない理由は (1) の説明と全く同じです。

(4) 上の (2), (3) より全単射であることが分かります。 □

問題 2.2.20 (1) 写像

$$f : \mathbb{R} \longrightarrow [-1, 1]$$
$$x \longmapsto \cos x$$

は全射であるが、単射ではないことを示しなさい。

(2) 写像
$$f : \mathbb{R} \longrightarrow \mathbb{R}$$
$$x \longmapsto e^x$$
は単射であるが全射ではないことを示しなさい。

(3) 写像
$$f : \mathbb{R}^2 \longrightarrow \mathbb{R}^2$$
$$(x, y) \longmapsto (x - y, x + y)$$
は全単射であることを示しなさい。

(4) $n \times m$ の実行列 A で定義される線形写像
$$f : \mathbb{R}^m \longrightarrow \mathbb{R}^n$$
$$\boldsymbol{x} \longmapsto A\boldsymbol{x}$$
が単射であるための必要十分条件は $\mathrm{rank} A = m$ となることであることを示しなさい。また、f が全射であるための必要十分条件は $\mathrm{rank} A = n$ となることであることを示しなさい。

問題 2.2.21 m 個の元からなる集合 X と n 個の元からなる集合 Y を考えます。

(1) 写像 $f : X \longrightarrow Y$ が単射であるためには m, n にはどのような関係が成り立っていなければいけないでしょうか。

(2) 写像 $f : X \longrightarrow Y$ が全射であるためには m, n にはどのような関係が成り立っていなければいけないでしょうか。

(3) $m = n$ のとき、写像 $f : X \longrightarrow Y$ が単射であることと $f : X \longrightarrow Y$ が全射であることが同値になることを示しなさい。

定理 2.2.12 (4), (7)、定理 2.2.16 (2) は写像 $f : X \longrightarrow Y$ が単射のときには等号が成り立ちます。

定理 2.2.22 写像 $f : X \longrightarrow Y$ が単射であるとする。このとき次が成り立つ。

(1) $f(A_1 \cap A_2) = f(A_1) \cap f(A_2)$

(2) $f\left(\bigcap_{\lambda \in \Lambda} A_\lambda\right) = \bigcap_{\lambda \in \Lambda} f(A_\lambda)$

(3) $f(A_1 - A_2) = f(A_1) - f(A_2)$

証明 (1) $\subset$ は定理 2.2.16 (2) で既に示したので $\supset$ のみを示します。$y \in f(A_1) \cap f(A_2)$ とします。このとき、$y \in f(A_1)$ かつ $y \in f(A_2)$ なので、$\exists a_1 \in A_1 \quad y = f(a_1)$ かつ $\exists a_2 \in A_2 \quad y = f(a_2)$ となっています。仮定より f が単射なので $f(a_1) = f(a_2)$ から $a_1 = a_2$ が分かります。これを $a (= a_1 = a_2)$ と表すと、$a \in A_1 \cap A_2$ で、$y = f(a) \in f(A_1 \cap A_2)$ であることが示されます。

(2) $\subset$ は定理 2.2.16 (2) で既に示されているので、$\supset$ を証明します。(1) の証明にならって各自で挑戦してください。

(3) $\supset$ は定理 2.2.12 (7) で既に示されているので、$\subset$ を証明します。$y \in f(A_1 - A_2)$ とします。このとき、$\exists a \in A_1 - A_2 \quad y = f(a)$。差集合の定義から $a \in A_1$ かつ $a \notin A_2$ です。$f(a) \in f(A_1)$ ですが、$f(a) \notin f(A_2)$ であることを確認しておきましょう。もし、$f(a) \in f(A_2)$ とすると、$\exists b \in A_2 \quad f(a) = f(b)$ となりますが、f は単射なので $a = b \in A_2$ となり $a \notin A_2$ に反してしまいます。したがって、$y = f(a) \in f(A_1)$ かつ $y = f(a) \notin f(A_2)$ となり $y \in f(A_1) - f(A_2)$ が得られます。 □

例 2.2.23 写像 $f : X \longrightarrow Y$ に対して、次を示してみましょう。

(1) f が単射であるための必要十分条件は $\forall x \in X$ に対して、$f^{-1}(f(\{x\})) = \{x\}$ が成立することである。

(2) f が全射であるための必要十分条件は $f(X) = Y$ が成り立つことである。

解説 まず (1) を示しましょう。条件の必要性ですが、$\forall x \in X$ に対して、$x' \in f^{-1}(f(\{x\}))$ とすると、$f(x') = f(x)$ なので、f の単射性より $x' = x$ を得ますので、結論を得ます。

条件の十分性を示します。$\forall x, x' \in X$ に対して、$f(x) = f(x')$ とすると、

58　第 2 章　集合と写像

$x' \in f^{-1}(\{f(x)\}) = f^{-1}(f(\{x\})) = \{x\}$ なので、$x = x'$ となり結論を得ます。(2) の証明は読者にお任せします。　□

問題 2.2.24 例 2.2.23 (2) を証明しなさい。

問題 2.2.25 写像 $f : X \longrightarrow Y$ に対して、

(1) f が単射であるための必要十分条件は $\forall A \subset X$ に対して、$A = f^{-1}(f(A))$ が成り立つことであることを示しなさい。

(2) f が全射であるための必要十分条件は $\forall B \subset Y$ に対して、$f(f^{-1}(B)) = B$ が成り立つことであることを示しなさい。

★ 2.2.4　逆写像・写像の合成

写像 $f : X \longrightarrow Y$ が全単射であるとします。このとき、f の「逆写像」と呼ばれる写像 $f^{-1} : Y \longrightarrow X$ が定義できることを説明します。まず、f の全射性より $\forall y \in Y$ に対して、$\exists x_0 \in X$　$y = f(x_0)$ となります。このような x_0 は 1 つしか存在しません。なぜなら、$y = f(x_0) = f(x_1)$ とすると、f の単射性から $x_1 = x_0$ を得るからです。したがって、次のような定義ができます。

定義 2.2.26 写像 $f : X \longrightarrow Y$ が全単射のとき、写像 $f^{-1} : Y \longrightarrow X$ を

$$f^{-1} : Y \longrightarrow X \\ y \longmapsto x \quad \text{ただし、} y = f(x)$$

と定義し、f の**逆写像** (inverse of f) と呼ぶ。

例 2.2.27 写像

$$f : \mathbb{R} \longrightarrow \mathbb{R} \\ x \longmapsto x^3$$

は全単射で、この写像の逆写像は

$$f : \mathbb{R} \longrightarrow \mathbb{R} \\ y \longmapsto \sqrt[3]{y}$$

で与えられます。

解説 全単射性は、任意に与えられた $y \in \mathbb{R}$ に対して、x の方程式 $y = x^3$ が $x = \sqrt[3]{y}$ と一意に解けることから分かります。このとき、$f^{-1}(y) = \sqrt[3]{y}$ となります。 □

定義 2.2.28 写像 $f : X \longrightarrow Y$, $g : Z \longrightarrow W$ が $f(X) \subset Z$ を満たすとき、写像

$$g \circ f : X \longrightarrow W$$
$$x \longmapsto g(f(x))$$

が定義できる。この写像 $g \circ f$ を f と g の**合成写像** (composed map) という。

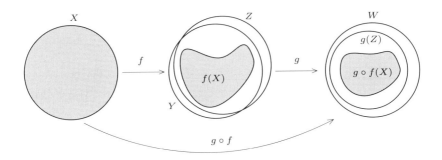

定理 2.2.29 写像 $f : X \longrightarrow Y$, $g : Z \longrightarrow W$, $h : V \longrightarrow U$ が $f(X) \subset Z$, $g(W) \subset V$ を満たすとき、$h \circ (g \circ f) = (h \circ g) \circ f : X \longrightarrow U$ が成り立つ。

証明 証明は写像の合成の定義から直ちに従うので、読者に委ねます。 □

X から X への 2 つの写像 $f : X \longrightarrow X$, $g : X \longrightarrow X$ が与えられたとき、これらの合成写像 $g \circ f : X \longrightarrow X$ と $f \circ g : X \longrightarrow X$ が定まりますが、$g \circ f = f \circ g$ が成り立つわけではないことに注意してください。

例 2.2.30 $f(x) = 2x + 1$ で定まる写像を $f : \mathbb{R} \longrightarrow \mathbb{R}$ とし、$g(x) = x^2$ で定まる写像を $g : \mathbb{R} \longrightarrow \mathbb{R}$ とします。このとき、$g \circ f \neq f \circ g$ となっています。各自確認してみてください。

例 2.2.31 $\mathbb{R}^+ := \{y \mid y \geq 0\}$ として、2つの写像

$$\begin{array}{cccc} f : \mathbb{R} \longrightarrow & \mathbb{R}, & g : \mathbb{R}^+ \longrightarrow & \mathbb{R} \\ x \longmapsto & x^2 + 1 & y \longmapsto & \sqrt{y} \end{array}$$

が与えられているとき、合成写像 $g \circ f$ は次のように与えられます。

$$\begin{array}{cc} g \circ f : \mathbb{R} \longrightarrow & \mathbb{R} \\ x \longmapsto & \sqrt{x^3 + 1} \end{array}$$

ここで、$f(\mathbb{R}) \subset \mathbb{R}^+$ であることに注意してください。

補題 2.2.32 写像 $f : X \longrightarrow Y$, $g : Z \longrightarrow W$ に対して、$f(X) \subset Z$ であるとする。このとき、
 (1) $g \circ f : X \longrightarrow W$ が全射ならば、g も全射である。
 (2) $g \circ f : X \longrightarrow W$ が単射ならば、f も単射である。

証明 まず (1) を示しましょう。仮定より、$\forall w \in W$ に対して、$\exists x \in X$ $w = g \circ f(x)$ が成り立ちます。$y := f(x)$ とおくと $y \in f(X) \subset Z$ でさらに $g(y) = w$ となるので結論を得ます。

次に (2) を示しましょう。$\forall x, x' \in X$ に対して、$f(x) = f(x')$ とすると

$$g \circ f(x) = g(f(x)) = g(f(x')) = g \circ f(x')$$

となるので、仮定より $x = x'$ が導かれて結論を得ます。 □

定理 2.2.33 写像 $f : X \longrightarrow Y$ が全単射であるための必要十分条件は、写像 $g : Y \longrightarrow X$ が存在して、$f \circ g = \mathrm{id}_Y$, $g \circ f = \mathrm{id}_X$ が成り立つことである。このような g は f の逆写像 f^{-1} である。

証明 まず、条件の必要性を示します。この場合、$g = f^{-1}$ とおけば g が条件を満たすのは当然です。次に、条件の十分性を示します。仮定より、補題 2.2.32 を用いれば f が全単射である事が分かります。したがって、逆写像 f^{-1} の存在は分かりますが、任意の $y \in Y$ に対して、$f \circ g(y) = y = f \circ f^{-1}(y)$ なので、f の単射性より $g(y) = f^{-1}(y)$ が分かります。よって、$g = f^{-1}$ となります。以上で証明が完了しました。 □

2.2.2 節で例に挙げた立体射影 $\pi : S^2 - \{N\} \longrightarrow \mathbb{R}^2$ の単射性、全射性について考えてみましょう。まず、この写像を $\mathbb{R}^3$ の座標で表現する事から始めましょう。前節の立体射影の図 (49 ページ) で p と N を通る直線の式は $(X, Y, Z) = (0, 0, 1) + t(x, y, z - 1)$ $(t \in \mathbb{R})$ です。この直線と xy–平面との交点を求めるために $Z = 1 + t(z - 1) = 0$ とおくと、$t = \dfrac{1}{1-z}$ となるので、交点の座標は $(tx, ty, 0) = \left(\dfrac{x}{1-z}, \dfrac{y}{1-z}, 0\right)$ と求めることができます。つまり、$\pi(x, y, z) = \left(\dfrac{x}{1-z}, \dfrac{y}{1-z}\right)$ です。

写像 π が単射である事を確かめてみましょう。$\forall (x, y, z), (x', y', z') \in S^2 - \{(0, 0, 1)\}$ に対して、

$$\pi(x, y, z) = \pi(x', y', z')$$
$$\left(\dfrac{x}{1-z}, \dfrac{y}{1-z}\right) = \left(\dfrac{x'}{1-z'}, \dfrac{y'}{1-z'}\right)$$

とおくと、$(x, y, z), (x', y', z')$ が S^2 上の点であることから次のような等式が得られます。

$$\dfrac{x}{1-z} = \dfrac{x'}{1-z'}, \quad \dfrac{y}{1-z} = \dfrac{y'}{1-z'}$$
$$x^2 + y^2 + z^2 = 1, \quad x'^2 + y'^2 + z'^2 = 1$$

これらの等式から、

$$\dfrac{x^2 + y^2}{(1-z)^2} = \dfrac{x'^2 + y'^2}{(1-z')^2}, \quad \dfrac{1-z^2}{(1-z)^2} = \dfrac{1-z'^2}{(1-z')^2},$$
$$\dfrac{1-z}{1+z} = \dfrac{1-z'}{1+z'}, \quad z = z'$$

これより $x = x'$, $y = y'$ となります。したがって、$(x, y, z) = (x', y', z')$ を得ることができました。

次に、π の全射性を見てみましょう。$\forall (X, Y) \in \mathbb{R}^2$ に対して、$\pi(x, y, z) = (X, Y)$ を満たす $S^2 - \{N\}$ 上の点 (x, y, z) が存在する事を示せば良いわけです。これは $X = \dfrac{x}{1-z}$, $Y = \dfrac{y}{1-z}$ が x, y, z について解けるかどうかを問われているわけですが、もう 1 つ隠れた方程式を見逃してはいけません、それは $x^2 + y^2 + z^2 = 1$ です。これら 3 つの方程式

$$X = \frac{x}{1-z}, \quad Y = \frac{y}{1-z}, \quad x^2 + y^2 + z^2 = 1$$

から x, y, z を解くことができれば良いのです。少し頑張れば

$$x = \frac{2X}{X^2 + Y^2 + 1}, \quad y = \frac{2Y}{X^2 + Y^2 + 1}, \quad z = \frac{X^2 + Y^2 - 1}{X^2 + Y^2 + 1}$$

となることが分かります。

全射性の証明の中の計算により、π の逆写像は

$$g : \mathbb{R}^2 \longrightarrow S^2 - \{N\},$$
$$g(X, Y) = \Big(\frac{2X}{X^2 + Y^2 + 1}, \frac{2Y}{X^2 + Y^2 + 1}, \frac{X^2 + Y^2 - 1}{X^2 + Y^2 + 1}\Big)$$

であることが分かります。計算するまでもありませんが、$x^2 + y^2 + z^2 = 1$ に注意すれば

$$g \circ \pi(x, y, z) = g\Big(\frac{x}{1-z}, \frac{y}{1-z}\Big)$$
$$= \Bigg(\frac{2 \times \dfrac{x}{1-z}}{\Big(\dfrac{x}{1-z}\Big)^2 + \Big(\dfrac{y}{1-z}\Big)^2 + 1}, \frac{2 \times \dfrac{y}{1-z}}{\Big(\dfrac{x}{1-z}\Big)^2 + \Big(\dfrac{y}{1-z}\Big)^2 + 1},$$
$$\frac{\Big(\dfrac{x}{1-z}\Big)^2 + \Big(\dfrac{y}{1-z}\Big)^2 - 1}{\Big(\dfrac{x}{1-z}\Big)^2 + \Big(\dfrac{y}{1-z}\Big)^2 + 1}\Bigg)$$
$$= (x, y, z)$$

を得ます。同様に

$$\pi \circ g(X, Y) = \pi\Big(\frac{2X}{X^2 + Y^2 + 1}, \frac{2Y}{X^2 + Y^2 + 1}, \frac{X^2 + Y^2 - 1}{X^2 + Y^2 + 1}\Big)$$
$$= \Bigg(\frac{\dfrac{2X}{X^2 + Y^2 + 1}}{1 - \dfrac{X^2 + Y^2 - 1}{X^2 + Y^2 + 1}}, \frac{\dfrac{2Y}{X^2 + Y^2 + 1}}{1 - \dfrac{X^2 + Y^2 - 1}{X^2 + Y^2 + 1}}\Bigg)$$
$$= (X, Y)$$

となることが分かるので、先の定理 2.2.33 より、確かに $g = \pi^{-1}$ であることが確かめられました。

立体射影は一般化されます。$N = (0, \cdots, 0, 1)$ として、写像

$$\pi : S^m - \{N\} \longrightarrow \mathbb{R}^m,$$
$$\pi(x_1, \cdots, x_{m+1}) = \left(\frac{x_1}{1 - x_{m+1}}, \cdots, \frac{x_m}{1 - x_{m+1}} \right)$$

を考えます。このとき、π は全単射で逆写像は

$$\pi^{-1}(X_1, \cdots, X_m) = \left(\frac{2X_1}{\sum_{i=1}^{m} X_i^2}, \cdots, \frac{2X_m}{\sum_{i=1}^{m} X_i^2}, \frac{\sum_{i=1}^{m} X_i^2 - 1}{\sum_{i=1}^{m} X_i^2 + 1} \right)$$

で与えられます。立体射影の一般化 π およびその逆写像 π^{-1} の計算は各自で確かめてみてください。

第3章

ユークリッド距離空間

● 3.1 ユークリッド距離空間

$\mathbb{R}$ を直線と考えると、直線上の 2 点 x, y の距離はこれらの点を結ぶ線分の長さ $|x-y|$ です。$\mathbb{R}^2$ を平面と考えるとその中の 2 点 $(x_1, y_1), (x_2, y_2)$ の距離はピタゴラスの定理によって、$\sqrt{(x_1-x_2)^2+(y_1-y_2)^2}$ で与えられます。

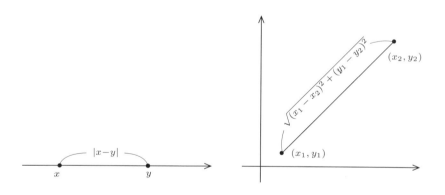

このように直線上や平面内で与えた距離は 2 点間の近さを表現する概念なのですが、これを $\mathbb{R}^m$ に一般化します。

★ 3.1.1 ユークリッドの距離の定義

m 個の $\mathbb{R}$ の直積集合 $\mathbb{R}^m = \{(x_1, \cdots, x_m) \mid x_i \in \mathbb{R} \ (i=1, \cdots, m)\}$ に対して、次のような写像を考えます。

定義 3.1.1
$$d : \mathbb{R}^m \times \mathbb{R}^m \longrightarrow \mathbb{R}$$
$$(\boldsymbol{x}, \boldsymbol{y}) \longmapsto d(\boldsymbol{x}, \boldsymbol{y})$$

ここで、

$$\boldsymbol{x} = (x_1, \cdots, x_m), \quad \boldsymbol{y} = (y_1, \cdots, y_m), \quad d(\boldsymbol{x}, \boldsymbol{y}) = \sqrt{\sum_{i=1}^{m}(x_i - y_i)^2}$$

とする。写像 d を $\mathbb{R}^m$ における**ユークリッドの距離** (euclidian distance function or euclidian metric) といい、$d(\boldsymbol{x}, \boldsymbol{y})$ を 2 点 $\boldsymbol{x}, \boldsymbol{y}$ 間の**ユークリッドの距離** (euclidian distance or euclidian metric) という。

注意 3.1.2 ユークリッドの距離空間 $\mathbb{R}^m$ をベクトル空間とみなすとき、$\boldsymbol{x}$ と原点 $\boldsymbol{O}$ の距離 $d(\boldsymbol{x}, \boldsymbol{O})$ を特に $||\boldsymbol{x}||$ と表し、$\boldsymbol{x}$ の**ノルム** (norm) と言います。

写像の記号に d を用いるのは距離を表す英語 distance に由来します。そして、次のような定義をします。

定義 3.1.3 集合 $\mathbb{R}^m$ と写像 d の組 $(\mathbb{R}^m, d)$ を m **次元ユークリッド距離空間** (m–dimensional euclidian metric space) と呼ぶ。以後、m 次元ユークリッド距離空間は、ただ単に $\mathbb{R}^m$ と書くこともある。

ユークリッドの距離には次のような性質があります。

定理 3.1.4 ユークリッドの距離 d は次の 3 つの性質を持つ。任意の $\boldsymbol{x}, \boldsymbol{y}, \boldsymbol{z} \in \mathbb{R}^m$ に対して
(1) $d(\boldsymbol{x}, \boldsymbol{y}) \geq 0, \ d(\boldsymbol{x}, \boldsymbol{y}) = 0 \Leftrightarrow \boldsymbol{x} = \boldsymbol{y}$
(2) $d(\boldsymbol{x}, \boldsymbol{y}) = d(\boldsymbol{y}, \boldsymbol{x})$
(3) $d(\boldsymbol{x}, \boldsymbol{y}) + d(\boldsymbol{y}, \boldsymbol{z}) \geq d(\boldsymbol{x}, \boldsymbol{z})$

証明 (1) d の定義より $d(\boldsymbol{x}, \boldsymbol{y}) \geq 0$ はすぐに分かります。また、

$$d(\boldsymbol{x}, \boldsymbol{y}) = 0 \Leftrightarrow \sqrt{\sum_{i=1}^{m}(x_i - y_i)^2} = 0$$
$$\Leftrightarrow \forall i \in \{1, \cdots, m\} \quad x_i = y_i$$
$$\Leftrightarrow \boldsymbol{x} = \boldsymbol{y}$$

を得ます。

(2) $$d(\boldsymbol{x}, \boldsymbol{y}) = \sqrt{\sum_{i=1}^{m}(x_i - y_i)^2} = \sqrt{\sum_{i=1}^{m}(y_i - x_i)^2} = d(\boldsymbol{y}, \boldsymbol{x})$$

(3) この不等式は「3角不等式」と呼ばれています。証明には次の**コーシー–シュワルツの不等式** (Cauchy–Schwarz inequality) が必要です。

$$\left|\sum_{i=1}^{m} x_i y_i\right| \leq \sqrt{\sum_{i=1}^{m} x_i^2} \cdot \sqrt{\sum_{i=1}^{m} y_i^2}$$

この不等式の証明は読者に任せることとし、これを用いて3角不等式を証明します。まず、$a_i = x_i - y_i$, $b_i = y_i - z_i$ とおくと、$a_i + b_i = x_i - z_i$ となります。このとき、証明するべき不等式は

$$\sqrt{\sum_{i=1}^{m} a_i^2} + \sqrt{\sum_{i=1}^{m} b_i^2} \geq \sqrt{\sum_{i=1}^{m}(a_i + b_i)^2}$$

となります。この不等式の両辺を自乗して辺々引くと次のような式を得ます。

$$\left(\sqrt{\sum_{i=1}^{m} a_i^2} + \sqrt{\sum_{i=1}^{m} b_i^2}\right)^2 - \sqrt{\sum_{i=1}^{m}(a_i + b_i)^2}^2$$
$$= \sum_{i=1}^{m} a_i^2 + \sum_{i=1}^{m} b_i^2 + 2\sqrt{\sum_{i=1}^{m} a_i^2} \cdot \sqrt{\sum_{i=1}^{m} b_i^2} - \sum_{i=1}^{m}(a_i + b_i)^2$$
$$= 2\left(\sqrt{\sum_{i=1}^{m} a_i^2} \cdot \sqrt{\sum_{i=1}^{m} b_i^2} - \sum_{i=1}^{m} a_i b_i\right) \geq 0$$

最後の式の評価でコーシー–シュワルツの不等式を使いました。したがって、3角不等式が証明されました。 □

問題 3.1.5 上記証明中のコーシー–シュワルツの不等式を証明しなさい。(ヒント: 次の t に関する2次式を考えてみましょう。

$$0 \leq \sum_{i=1}^{m}(tx_i + y_i)^2 = \left(\sum_{i=1}^{m} x_i^2\right)t^2 + 2\left(\sum_{i=1}^{m} x_i y_i\right)t + \sum_{i=1}^{m} y_i^2.$$

この式が t の値に関わらず常に非負であることを条件に表してください。）

$X \subset \mathbb{R}^m$ のとき、X 上に制限して距離の議論を展開することがあります。

定義 3.1.6 $\mathbb{R}^m$ 上の距離 d を X 上に制限して、写像

$$\begin{aligned} d : X \times X &\longrightarrow \mathbb{R} \\ (\boldsymbol{x}, \boldsymbol{y}) &\longmapsto d(\boldsymbol{x}, \boldsymbol{y}) \end{aligned}$$

を考える。そして、部分集合と制限写像の組 $(X, d\,|_X)$ をユークリッド距離空間 $(\mathbb{R}^m, d)$ の**ユークリッド部分距離空間** (euclidian metric subspace) と呼ぶ。ただ単に**部分距離空間** (metric subspace) と呼ぶときもある。

特に、$X = \mathbb{R}^m$ のときを考えると、$\mathbb{R}^m$ 自身が $\mathbb{R}^m$ のユークリッド部分距離空間であることが分かります。いくつか例をみていきましょう。

例 3.1.7 ユークリッド部分距離空間 $S^m = \{(x_1, \cdots, x_m) \mid x_1^2 + \cdots + x_m^2 = 1\} \subset \mathbb{R}^m$ を考えます。この空間の距離は下図のようです。

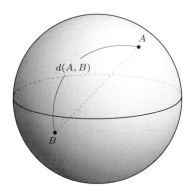

例 3.1.8 2 次元ユークリッド距離空間の次ページ上の図のような部分距離空間を考えます。あたかも海に囲まれた孤島のような空間です。この島の住民は

A, B, C の間の距離に関して納得しているでしょうか？

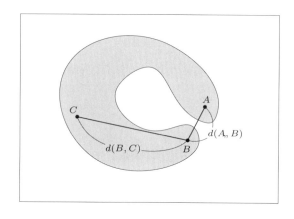

ユークリッドの距離に関する議論の中では上の定理の 3 性質は非常に重要な役割を演じます。そこで、この 3 性質に着目して、ユークリッドの距離を拡張して、より一般的な「距離」を定義します。

定義 3.1.9 $\mathbb{R}^m$ の部分集合 X に対して、写像

$$\begin{aligned} \rho : X \times X &\longrightarrow \mathbb{R} \\ (x, y) &\longmapsto \rho(x, y) \end{aligned}$$

が定義されていて、次の 3 つの性質を満たすとき、ρ を X **上の距離** (distance or metric) という。

(1) $\rho(x, y) \geq 0, \ \rho(x, y) = 0 \Leftrightarrow x = y$

(2) $\rho(x, y) = \rho(y, x)$

(3) $\rho(x, y) + \rho(y, z) \geq \rho(x, z)$

部分集合と距離の組 (X, ρ) を距離 ρ を持つ**距離空間** (metric space) という。(3) の不等式を距離に関する **3 角不等式**と呼ぶ。

この一般的な距離から見ると、ユークリッドの距離は $X \subset \mathbb{R}^m$ 上で定義された距離の 1 つにすぎないことになります。実際、$\mathbb{R}^m$ の部分集合上にはユークリッドの距離以外に多くの距離が定義できます。例えば、次のようなものも考えられます。

例 3.1.10
$$\rho_1 : \mathbb{R}^m \times \mathbb{R}^m \longrightarrow \mathbb{R}$$
$$(\boldsymbol{x}, \boldsymbol{y}) \longmapsto \rho_1(\boldsymbol{x}, \boldsymbol{y})$$

ただし、$\rho_1(\boldsymbol{x}, \boldsymbol{y}) = \sum_{i=1}^{m} |x_i - y_i|$ です。このとき、ρ_1 は $\mathbb{R}^m$ 上の距離になります。

解説 3 つの性質を確かめてみましょう。

距離の定義の (1), (2) はすぐに分かると思います。読者が自分で確かめてください。(3) の 3 角不等式を考えてみます。$\forall \boldsymbol{x} = (x_1, \cdots, x_m)$, $\forall \boldsymbol{y} = (y_1, \cdots, y_m)$, $\forall \boldsymbol{z} = (z_1, \cdots, z_m)$ に対して、$|x_i - y_i| + |y_i - z_i| \geq |x_i - z_i|$ が成り立ちますので、不等式の両辺を辺々足すと

$$\sum_{i=1}^{m} (|x_i - y_i| + |y_i - z_i|) \geq \sum_{i=1}^{m} |x_i - z_i|$$

したがって、

$$\rho_1(\boldsymbol{x}, \boldsymbol{y}) + \rho_1(\boldsymbol{y}, \boldsymbol{z}) \geq \rho_1(\boldsymbol{x}, \boldsymbol{z})$$

3 角不等式が示されました。 □

例 3.1.11 $\mathbb{R}^3$ の部分集合 $S^2 = \{(x, y, z) \mid x^2 + y^2 + z^2 = 1\}$ に対して

$$\rho_2 : S^2 \times S^2 \longrightarrow \mathbb{R}$$
$$(A, B) \longmapsto \mathrm{arc}(A, B)$$

は S^2 上の距離になります。ここで $\mathrm{arc}(A, B)$ は球面上の 2 点 A, B を通る大円の A, B を両端とする長くない方の弧の長さとします。ここでいう大円とは A, B と球の中心を通る平面と球面との交線をいいます (次ページ上の図を参照)。

距離の定義の (3) を確かめるのが厄介です。ここでは証明は省きます。地球上の 2 点間の距離はここで定義した ρ_2 を用いて計測されています。

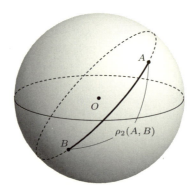

例 3.1.12 例 3.1.8 で与えた平面上の図形 X に対して、X 内の 2 点 A と B の距離 $\rho_3(A, B)$ を

$$\begin{aligned}\rho_3 : X \times X &\longrightarrow \mathbb{R} \\ (A, B) &\longmapsto \ell(A, B)\end{aligned}$$

ここで $\ell(A, B)$ は A と B を結ぶ曲線のうち最も短いものの長さを表します。ここでは詳しく触れませんが、ρ_3 は X における 1 つの距離を定義します。X 島の住民にとってはこの距離の方が使いやすいことでしょう。

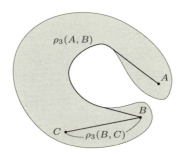

問題 3.1.13 $\boldsymbol{x} = (x_1, \cdots, x_m)$, $\boldsymbol{y} = (y_1, \cdots, y_m)$ として、次の問いに答えなさい。

(1)
$$\begin{aligned}\rho_1 : \mathbb{R}^m \times \mathbb{R}^m &\longrightarrow \mathbb{R} \\ (\boldsymbol{x}, \boldsymbol{y}) &\longmapsto \rho_1(\boldsymbol{x}, \boldsymbol{y})\end{aligned}$$

ただし、$\rho_1(\boldsymbol{x}, \boldsymbol{y}) = \max_{1 \leq i \leq m} |x_i - y_i|$ とします。このとき、ρ_1 は $\mathbb{R}^n$ 上

の距離を与えるかどうか考察しなさい。

(2)
$$\rho_2 : \mathbb{R}^m \times \mathbb{R}^m \longrightarrow \mathbb{R}$$
$$(\boldsymbol{x}, \boldsymbol{y}) \longmapsto \rho_2(\boldsymbol{x}, \boldsymbol{y})$$

ただし、$\rho_2(\boldsymbol{x},\boldsymbol{y}) = \min_{1\leq i\leq m}|x_i - y_i|$ とします。このとき、ρ_2 は $\mathbb{R}^n$ 上の距離を与えるかどうか考察しなさい。

(3) X を地表とし、
$$\rho_3 : X \times X \longrightarrow \mathbb{R}$$
$$(p, q) \longmapsto \rho_3(p, q)$$

ただし、$\rho_3(p,q)$ は p から q への最短旅行時間 とするとき、ρ_3 は X 上の距離を与えるかどうか考えなさい。

最後に、**離散距離** (discrete distance) と呼ばれる距離の極端な例を紹介しましょう。

例 3.1.14 集合 X に対して、
$$\rho_4 : X \times X \longrightarrow \mathbb{R},$$
$$(x, y) \longmapsto \rho_4(x, y)$$
$$\rho_4(\boldsymbol{x}, \boldsymbol{y}) = \begin{cases} 1 & (x \neq y) \\ 0 & (x = y) \end{cases}$$

とすると、ρ_4 は X 上の距離を与えます。

解説 距離の性質の (1), (2) はすぐに分かるので、自分で確かめてください。(3) の 3 角不等式を示してみましょう。距離は必ず 0 か 1 ですので、
$$\rho_4(x, y) + \rho_4(y, z) \geq \rho_4(x, z)$$

が成り立たないのは、$\rho_4(x,y) = 0$, $\rho_4(y,z) = 0$, $\rho_4(x,z) = 1$ のときだけです。$\rho_4(x,y) = 0 \to x = y$, $\rho_4(y,z) = 0 \to y = z$ が成り立つので、$x = z$ を得ます。一方で、$\rho_4(x,z) = 1 \to x \neq z$ が成り立つので、これは不合理です。つまり、このようなことは起こりえないと結論できますので、3 角不等式が証明できました。 □

距離の定義は通常、3 つの性質で与えられますが、次の例のように実は 2 つの性質で表現できるのです。

問題 3.1.15 先に与えた距離の定義 3.1.9 (1), (2), (3) は次の 2 つの性質と同値であることを示しなさい。

(1) $\rho(x,y) = 0 \Leftrightarrow x = y$

(2) $\rho(x,y) + \rho(x,z) \geq \rho(y,z)$

よく使われる距離に関する不等式を挙げておきます。

問題 3.1.16 距離 ρ に関して、不等式 $|\rho(x,y) - \rho(z,y)| \leq \rho(x,z)$ を示しなさい。

★ **3.1.2 近傍**

ユークリッド距離空間 $\mathbb{R}^m$ の部分距離空間 X が与えられたとき、X の点 p の「近傍」を次のように定義します。x の近傍とは x に「近い」点の集合と考えられます。

定義 3.1.17 $p \in X$ と $\delta > 0$ に対して、
$$N_\delta(p; X) := \{x \mid x \in X \ d(x,p) < \delta\}$$
を X における点 p を中心とする半径 δ の**近傍** (neighborhood) という。

定義からすぐ分かるように
$$N_\delta(p; X) = N_\delta(p; \mathbb{R}^m) \cap X$$
となっていることに注意してください。

例 3.1.18 $\mathbb{R}^1$ における点 p の半径 δ の近傍は開区間 $(p - \delta, p + \delta)$ です。$\mathbb{R}^2$ における点 p の半径 δ の近傍は p を中心とする半径 δ の開円板です。ユークリッド距離空間 $\mathbb{R}^3$ における点 p の半径 δ の近傍は p を中心とする半径 δ の開球です (次ページ上の図を参照)。

ユークリッド距離空間の部分距離空間 X 内の近傍の様子は次のような図を思い浮かべると良いでしょう。

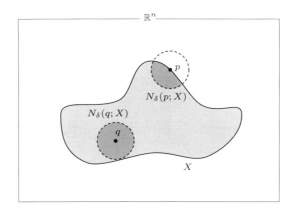

例 3.1.19 (1) $X = \mathbb{R} \times \{0\}$ を $\mathbb{R}^2$ の部分距離空間と見るとき、X 内の点 p の X における近傍 $N_\delta(p; X)$ は $(p-\delta, p+\delta) \times \{0\}$ です。

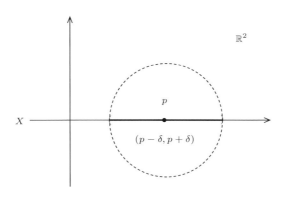

(2) $\mathbb{R}^2$ の部分距離空間としての 2 次元単位球面 (2–sphere) $S^2 = \{(x, y, z) \mid x^2 + y^2 + z^2 = 1\}$ 上の点 p の S^2 内の近傍は次のようなものです。

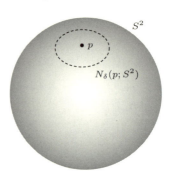

(3) $\mathbb{R}^2$ の部分距離空間 $X = X_1 \cup X_2$、ただし

$X_1 = \{(0, y) \mid y \in [0, 1]\}$

$X_2 = \displaystyle\bigcup_{n \in \mathbb{N}} \left\{ \overline{p_n q_n} \,\Big|\, p_n = \left(\frac{1}{n}, 0\right),\ q_n = \left(\frac{1}{n}, 1\right) \right\}$

$\cup \displaystyle\bigcup_{n \in \mathbb{N}} \left\{ \overline{p_{2n-1} p_{2n}} \,\Big|\, p_{2n-1} = \left(\frac{1}{2n-1}, 0\right),\ p_{2n} = \left(\frac{1}{2n}, 0\right) \right\}$

$\cup \displaystyle\bigcup_{n \in \mathbb{N}} \left\{ \overline{q_{2n} q_{2n+1}} \,\Big|\, q_{2n} = \left(\frac{1}{2n}, 1\right),\ q_{2n+1} = \left(\frac{1}{2n+1}, 1\right) \right\}$

を考えます。ここで、$\overline{pq}$ は点 p, q を結ぶ線分を表します。このとき、X は次の図のような集合です。

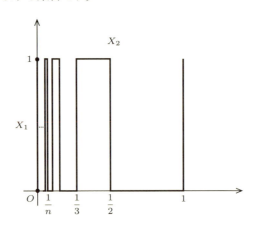

X の各点の X における近傍は半径が充分小さければ次のいずれかになります。近傍の中心は X のどの点なのかを考えてみましょう。

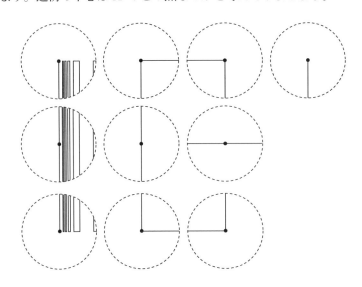

● 3.2 写像の連続性

2 つのユークリッド距離空間の間の写像が与えられると、その写像の「連続性」が議論できます。高校では、関数のグラフが「つながっている」ことで関数の連続性を表現しようとしましたが、一般の写像を扱うときこのような考え方は汎用性がありません。ユークリッド空間の写像の「連続性」を扱うためには、もっと厳密で一般的な連続性の概念が必要になるのです。

★ 3.2.1 連続性の定義

微分積分学で関数 $f\colon \mathbb{R} \longrightarrow \mathbb{R}$ の連続性に関する定義を学んだと思います。f が点 $a \in \mathbb{R}$ で連続であるとは、ε–δ 論法で

$$\forall \varepsilon > 0 \quad \exists \delta > 0 \quad \forall x \in \mathbb{R} \quad (|x - a| < \delta \to |f(x) - f(a)| < \varepsilon)$$

が成り立つことと定義されました。X, Y がそれぞれユークリッド距離空間 $\mathbb{R}^m, \mathbb{R}^n$ の部分距離空間のとき、定義を一般化して、写像 $f\colon X \longrightarrow Y$ が点 $p \in X$ で「連続」であることの定義を与えましょう。

定義 3.2.1 写像 f が点 $p \in X$ で**連続** (continuous at p) であるとは、

$$\forall \varepsilon > 0 \quad \exists \delta > 0 \quad \forall x \in X \quad (d_m(x,p) < \delta \to d_n(f(x), f(p)) < \varepsilon) \quad (3.1)$$

が成り立つことをいう。ここで、d_m, d_n はそれぞれユークリッド距離空間 $\mathbb{R}^m, \mathbb{R}^n$ 上のユークリッドの距離である。X 上のすべての点で連続であるとき、f は X で連続であるという。

近傍を用いて、写像の連続性を表現すると次のようになります。

定理 3.2.2 $f : X \longrightarrow Y$ が点 p で連続であるための必要十分条件は次が成立することである。

$$\forall \varepsilon > 0 \quad \exists \delta > 0 \quad f(N_\delta(p; X)) \subset N_\varepsilon(f(p); Y) \quad (3.2)$$

問題 3.2.3 上の定理を証明しなさい。

定理 3.2.2 より、写像の点 p における連続性は「点 $f(p)$ の Y における任意の近傍 (ε–近傍) が与えられたとき、p の適切な近傍 (δ–近傍) を取って、δ–近傍を f で送った像が先に与えた ε–近傍に含まれるようにできる。」と解釈されます。

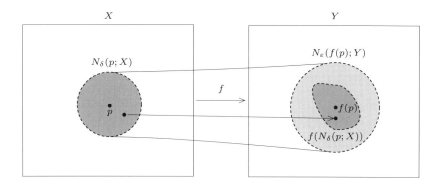

★ 3.2.2 連続写像の例
連続写像の例をいくつか見てみましょう。

例 **3.2.4** $\mathbb{R}^m$ の部分距離空間 X に対して、X の恒等写像 $\mathrm{id}: X \longrightarrow X$ は連続です。

解説 点 $a \in X$ における連続性を示します。任意に $\varepsilon > 0$ を与えて、点 $\mathrm{id}(a) = a$ の X における ε 近傍 $N_\varepsilon(a; X)$ を考えたとき、どの程度小さな δ 近傍 $N_\delta(a; X)$ を取れば、良いのでしょうか。今は δ をどの程度小さく取ったら良いのか分かりませんので、仮に $0 < \delta$ なる δ を 1 つ取って話を進めてみましょう。このとき、

$$\mathrm{id}(N_\delta(a; X)) = N_\delta(a; X)$$

ですから、$0 < \delta < \varepsilon$ と δ を取り直せば、

$$\mathrm{id}(N_\delta(a; X)) = N_\delta(a; X) \subset N_\varepsilon(a; X)$$

となることが分かります。よって、id の点 a における連続性が証明されました。 □

例 **3.2.5** $\mathbb{R}^m$ の部分距離空間 X, Y $(X \subset Y)$ に対して、包含写像 $\iota: X \hookrightarrow Y$ は連続です。

解説 上の例と同じように点 $a \in X$ での連続性を示しましょう。任意に $\varepsilon > 0$ を与えて、点 $\iota(a) = a$ の Y における ε 近傍 $N_\varepsilon(a; Y)$ を考えたとき、先ほどと同じように $0 < \delta$ に対して、点 $a \in X$ の X における δ 近傍 $N_\delta(a; X)$ を考えてみましょう。このとき、$X \subset Y$ に注意すれば、

$$\iota(N_\delta(a; X)) = N_\delta(a; X) \subset N_\delta(\iota(a); Y)$$

ですから、$0 < \delta < \varepsilon$ と δ を取り直すと、

$$\iota(N_\delta(a; X)) = N_\delta(a; X) \subset N_\delta(\iota(a); Y) \subset N_\varepsilon(\iota(a); Y)$$

となることが分かります。よって、ι の点 a における連続性が証明されました。 □

例 **3.2.6** $\mathbb{R}^m$ の部分距離空間 X、$\mathbb{R}^n$ の部分距離空間 Y に対して、写像 $f:$

$X \longrightarrow Y$ が、任意の $a, b \in X$ に対して、$d_m(a,b) = d_n(f(a), f(b))$ を満たすとき、f は連続です。(ここで d_m, d_n は $\mathbb{R}^m, \mathbb{R}^n$ のユークリッド距離。) このような写像を部分距離空間 X から Y への**等長写像** (isometry) と呼びます。さらに、$X = Y = \mathbb{R}^m$ のときは、そのような写像を $\mathbb{R}^m$ 上の**合同変換** (motion) と呼びます。

解説 点 $p \in X$ での連続性を示します。任意に $\varepsilon > 0$ を与えて、点 $f(p)$ の Y における ε 近傍 $N_\varepsilon(f(p); Y)$ を考えます。このとき、$\delta := \varepsilon$ として、点 $p \in X$ の X における δ 近傍 $N_\delta(p; X)$ を取ります。このとき、$x \in N_\delta(p; X)$ ならば、$d_m(x, p) < \delta$ です。また仮定より $d_m(x, p) = d_n(f(x), f(p))$ が成り立ちます。したがって、$d_n(f(x), f(p)) = d_m(x, p) < \delta = \varepsilon$、上の定義を要約すると、$f(x) \in N_\varepsilon(f(p); Y)$ となることが分かります。よって、f の点 p における連続性が証明されました。 □

実際、中学校で学んだ「図形の合同」は、この合同変換を用いて厳密に定義されます。つまり、ユークリッド空間 $\mathbb{R}^n$ 内の 2 つの図形 (部分集合) A と B が**合同** (congruent) であるとは、

$$\exists f : \mathbb{R}^n \longrightarrow \mathbb{R}^n; \text{合同変換} \quad f(A) = B$$

と定義されます。これまで皆さんが学んできたいわゆるユークリッド幾何学とは、この図形の合同を規準として図形を調べる学問なのです。

例 3.2.7 $\mathbb{R}^m$ の部分距離空間 X から $\mathbb{R}$ への写像 $\pi_i : X \longrightarrow \mathbb{R}$, $\pi_i(x_1, \cdots, x_m) = x_i$ は連続です。このような写像を i 成分への**正射影** (orthographic projection) と呼びます。

解説 点 $p = (p_1, \cdots, p_m)$ における連続性を示します。任意に $\varepsilon > 0$ を与えて、点 $\pi_i(p) = p_i$ の ε 近傍 $N_\varepsilon(p_i; \mathbb{R})$ を考えたとき、$0 < \delta$ に対して、点 $p \in X$ の X における δ 近傍 $N_\delta(p; X)$ を考えてみましょう。$\forall q = (q_1, \cdots, q_m) \in N_\delta(p; X)$ に対して、$d_m(p, q) < \delta$ ならば、

$$d_1(\pi_i(p), \pi_i(q)) = |p_i - q_i| \leq \sqrt{\sum_{k=1}^{m}(p_k - q_k)^2} = d_m(p, q) < \delta$$

となります。ただし、d_1, d_m はそれぞれ $\mathbb{R}, \mathbb{R}^m$ のユークリッドの距離を表すものとします。したがって、$0 < \delta < \varepsilon$ と δ を取り直せば、

$$d_1(\pi_i(p), \pi_i(q)) = |p_i - q_i| \leq \sqrt{\sum_{k=1}^{m}(p_k - q_k)^2} = d_m(p, q) < \delta < \varepsilon$$

となり、π_i の p における連続性が証明されました。 □

問題 3.2.8 ユークリッド部分距離空間 X, Y に対して、点 $b \in Y$ を固定して、写像 $c: X \longrightarrow Y, c(x) = b$ を考えます。f は連続であることを示しなさい。この f のように $f(X)$ が 1 点からなる集合であるような写像を**定値写像** (constant map) と言います。

例 3.2.9 写像 $f: \mathbb{R} \longrightarrow \mathbb{R}, f(x) = x^2$ は $\mathbb{R}$ の任意の点で連続です。

解説 点 $x = a$ での連続性を示してみましょう。任意に $\varepsilon > 0$ を与えて、点 $f(a)$ の ε 近傍を考えます。このとき、a の δ 近傍をどの程度小さく取ったら連続性の定義を満足できるのでしょうか。まず、$0 < \delta < 1$ として話を進めてみましょう。以下、$d_1(x, y) = |x - y|$ であることに注意してください。任意の $x \in N_\delta(a; \mathbb{R})$ に対して、$|x| - |a| \leq |x - a|$ より、$|x| \leq \delta + |a|$ となることを用いると、

$$|f(x) - f(a)| = |x^2 - a^2| = |(x - a)(x + a)| \leq (|x| + |a|)|x - a|$$
$$< (\delta + 2|a|)\delta < (1 + 2|a|)\delta$$

したがって、$(1 + 2|a|)\delta$ が ε より小さくなるように δ を取ることができれば、連続性の証明が完了することが分かります。そこで、δ を $0 < \delta < \min\left\{\dfrac{\varepsilon}{1 + 2|a|}, 1\right\}$ と取り直せば、

$$|f(x) - f(a)| < (1 + 2|a|)\delta < (1 + 2|a|)\frac{\varepsilon}{(1 + 2|a|)} = \varepsilon$$

を得ます。まとめると、$\forall \varepsilon > 0 \quad 0 < \delta < \min\left\{\dfrac{\varepsilon}{1+2|a|}, 1\right\}$ となる δ を 1 つ決めると $\forall x \in \mathbb{R} \quad (|x-a| < \delta \to |f(x) - f(a)| < \varepsilon)$ が成り立ちます。これで f が任意の点で連続であることが証明されました。 □

例 3.2.10 写像 $f : \mathbb{R}^2 \longrightarrow \mathbb{R}, \ f(x,y) = x+y$ は連続です。

解説 点 (a,b) での連続性を考えましょう。$\forall \varepsilon > 0$ に対して、$0 < \delta < 1$ としておきます。このとき、$d_2((x,y),(a,b)) < \delta$ ならば、不等式

$$|x-a|, |y-b| \leq \sqrt{(x-a)^2 + (y-b)^2} = d_2((x,y),(a,b))$$

が成り立つことに注意すると、

$$d_1(f(x,y), f(a,b)) = |(x+y) - (a+b)| \leq |x-a| + |y-b|$$
$$< 2d_2((x,y),(a,b)) < 2\delta$$

したがって、さらに、$\delta < \dfrac{1}{2}\varepsilon$ と取れば、

$$d_1(f(x,y), f(a,b)) < 2\delta < \varepsilon$$

を得ます。したがって、f の点 (a,b) における連続性が証明されました。 □

例 3.2.11 写像 $f : \mathbb{R}^2 \longrightarrow \mathbb{R}^2, \ f(x,y) = (x+y, x-y)$ は連続です。

解説 点 (a,b) での連続性を示しましょう。$\forall \varepsilon > 0$ に対して、$0 < \delta$ として議論を進めます。前例と同じように、$d_2((x,y),(a,b)) < \delta$ ならば、不等式

$$|x-a|, |y-b| \leq \sqrt{(x-a)^2 + (y-b)^2} = d_2((x,y),(a,b))$$

が成り立つことに注意すると、

$$d_2(f(x,y), f(a,b)) = d_2((x+y, x-y), (a+b, a-b))$$
$$= \sqrt{((x+y)-(a+b))^2 + ((x-y)-(a-b))^2}$$
$$= \sqrt{((x-a)+(y-b))^2 + ((x-a)-(y-b))^2}$$
$$\leq \sqrt{(|x-a|+|y-b|)^2 + (|x-a|+|y-b|)^2}$$

$$< \sqrt{(\delta+\delta)^2 + (\delta+\delta)^2}$$
$$= 2\sqrt{2}\delta$$

したがって、$0 < \delta < \dfrac{1}{2\sqrt{2}}\varepsilon$ と δ を取り直せば、

$$d_2(f(x,y), f(a,b)) < 2\sqrt{2}\delta < \varepsilon$$

となり、点 (a,b) における写像 f の連続性が証明されます。 □

最後に、よく使われる例を示しておきましょう。

例 3.2.12 $\mathbb{R}^m$ の部分距離空間 X 内の固定された点 p に対して、写像 $f: X \longrightarrow \mathbb{R}$, $f(x) = d(x,p)$ は連続です。

解説 X の任意の点 $a \in X$ における連続性を示すことにします。任意の $\varepsilon > 0$ を与えます。このとき、$d_m(x,a) < \varepsilon$ を満たす任意の x に対して

$$|f(x) - f(a)| = |d_m(x,p) - d_m(a,p)| \leq d_m(x,a) < \varepsilon$$

なので、f の点 a での連続性が示されました。最初の不等式は問題 3.1.16 の結果を使いました。 □

★ 3.2.3 連続写像ではない例

写像の連続性を理解するためには、連続ではない事象をとらえることも重要です。部分ユークリッド距離空間 X, Y に対して、写像 $f: X \longrightarrow Y$ が点 $a \in X$ で不連続であることを距離を用いて表現すると、

$$\sim(\forall \varepsilon > 0 \quad \exists \delta > 0 \quad \forall x \in X \quad (d_X(x,a) < \delta \to d_Y(f(x), f(a)) < \varepsilon))$$
$$\equiv \exists \varepsilon > 0 \quad \forall \delta > 0 \quad \sim(\forall x \in X \quad (d_X(x,a) < \delta \to d_Y(f(x), f(a)) < \varepsilon))$$
$$\equiv \exists \varepsilon > 0 \quad \forall \delta > 0 \quad \exists x \in X \quad (d_X(x,a) < \delta \text{ かつ } d_Y(f(x), f(a)) \geq \varepsilon)$$

が成立するということになります。近傍を用いて表現すると、

$$\sim(\forall \varepsilon > 0 \quad \exists \delta > 0 \quad f(N_\delta(a; X)) \subset N_\varepsilon(f(a); Y))$$

$$\equiv \exists \varepsilon > 0 \quad \forall \delta > 0 \quad f(N_\delta(a;X)) \not\subset N_\varepsilon(f(a);Y)$$
$$\equiv \exists \varepsilon > 0 \quad \forall \delta > 0 \quad \sim(\forall y \ (y \in f(N_\delta(a;X)) \to y \in N_\varepsilon(f(a);Y)))$$
$$\equiv \exists \varepsilon > 0 \quad \forall \delta > 0 \quad \exists y \in Y \quad (y \in f(N_\delta(a;X)) \ \text{かつ}\ y \notin N_\varepsilon(f(a);Y))$$

が成立する、となります。

具体的な例を考えてみましょう。まず、典型的な次の例から始めましょう。

例 3.2.13 写像 $f : \mathbb{R} \longrightarrow \mathbb{R}$ を次のように定義します。
$$f(x) = \begin{cases} 1 & (x \geq 0) \\ 0 & (x < 0) \end{cases}$$

この写像のグラフは、次のようになり、写像は原点で不連続です。

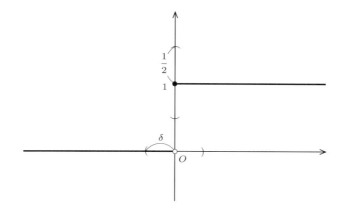

解説 $\varepsilon = \dfrac{1}{2}$ とします。このとき、$\forall \delta > 0$ に対して、
$$f(N_\delta(0;X)) = f((-\delta, \delta)) = \{0, 1\}$$
$$N_\varepsilon(f(0); Y) = (f(0) - \varepsilon, f(0) + \varepsilon) = \left(\frac{1}{2}, \frac{3}{2}\right)$$

したがって、
$$f(N_\delta(0;X)) = \{0,1\} \not\subset \left(\frac{1}{2}, \frac{3}{2}\right) = N_\varepsilon(f(0);Y).$$

□

問題 3.2.14 次の問題に答えなさい。
(1) 例 3.2.13 の写像の原点における不連続性を距離を用いて示しなさい。
(2) 例 3.2.13 の写像の原点以外での連続性を距離を用いる方法と近傍を用いる方法の両方で示しなさい。

例 3.2.15 写像 $f: \mathbb{R} \longrightarrow \mathbb{R}$ を次のように定義します。
$$f(x) = \begin{cases} 1 & (x \in \mathbb{Q}) \\ 0 & (x \in \mathbb{R} - \mathbb{Q}). \end{cases}$$
このとき、f はすべての点で不連続です。

解説 点 a が無理数のときと有理数のときに分けて考えます。まず、a が有理数のとき、$0 < \varepsilon < \dfrac{1}{2}$ に対して、$f(a) = 1$ の ε 近傍 $N_{\frac{1}{2}}(f(a); \mathbb{R})$ を考えます。このとき、任意の $\delta > 0$ に対して、a の δ 近傍 $N_\delta(a; \mathbb{R})$ の中には必ず無理数が含まれます ($\mathbb{R}$ における無理数の稠密性)。そのような無理数のうちの 1 つを b とすると、$f(b) = 0$ なので、$d(f(a), f(b)) = 1 > \dfrac{1}{2}$ となり、$f(b) \notin N_{\frac{1}{2}}(f(a); \mathbb{R})$ を得ます。つまり、$f(N_\delta(a; \mathbb{R})) \not\subset N_\varepsilon(f(a); \mathbb{R})$ を得るので、f は点 a で不連続であることが分かります。無理数の場合の証明は読者に委ねます。 □

注意 3.2.16 $\mathbb{R}$ 内のどのような点 x に対しても、任意の $\varepsilon > 0$ に対して
$$N_\varepsilon(x; \mathbb{R}) \cap \mathbb{Q} \neq \varnothing, \qquad N_\varepsilon(x; \mathbb{R}) \cap (\mathbb{R} - \mathbb{Q}) \neq \varnothing$$
となります。つまり、x のどのような近傍にも有理数、無理数が含まれるのです。このような性質をそれぞれ有理数、無理数の $\mathbb{R}$ における稠密性と言います。

問題 3.2.17 例 3.2.15 の関数 f が無理数 a で不連続であることを示しなさい。

例 3.2.18 写像 $f: \mathbb{R} \longrightarrow \mathbb{R}$ を次のように定義します。

$$f(x) = \begin{cases} \sin\dfrac{1}{x} & (x \neq 0) \\ 0 & (x = 0) \end{cases}$$

この写像のグラフは、次のようになり、写像は原点で不連続です。

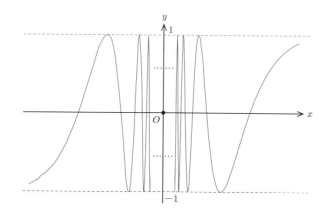

解説 $\varepsilon = \dfrac{1}{2}$ とします。そして任意の $\delta > 0$ を与えます。x に関する方程式 $\sin\dfrac{1}{x} = 1$ を解くと、$x = \dfrac{2}{(4n+1)\pi}$ $(n \in \mathbb{Z})$ が得られます。$x_n = \dfrac{2}{(4n+1)\pi}$ とおくと、アルキメデスの原理 (定理 3.2.43) より $0 < x_N < \delta$ となるような自然数 N が存在するはずです。このとき、$x_N \in (-\delta, \delta) = N_\delta(0; \mathbb{R})$ となりますが、$f(x_N) = \sin\dfrac{1}{x_N} = 1 \notin \left(-\dfrac{1}{2}, \dfrac{1}{2}\right) = N_\varepsilon(f(0); \mathbb{R})$ なので、

$$f(N_\varepsilon(0; \mathbb{R})) \not\subset N_\varepsilon(f(0); \mathbb{R})$$

を得ます。したがって、f は原点で不連続です。 □

問題 3.2.19 問題 3.2.17 の写像 f に対して、写像

$$g : \mathbb{R} \longrightarrow \mathbb{R}, \quad g(x) = xf(x)$$

は原点で連続であることを示しなさい。

例 3.2.20 写像 $f : \mathbb{R}^2 \longrightarrow \mathbb{R}^2$ を次のように定義します。
$$f(x,y) = \begin{cases} (x, y) & (x \leq 0) \\ (x+1, y) & (x > 0) \end{cases}$$
この写像は y 軸上のすべての点で不連続です。

解説 点 $(0, b)$ 上での不連続性を示します。$\varepsilon = \dfrac{1}{2}$ とします。

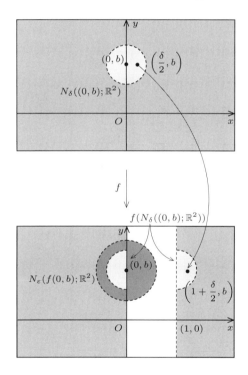

このとき、$\forall \delta > 0$ に対して、$N_\delta((0, b); \mathbb{R}^2)$ の点 $\left(\dfrac{\delta}{2}, b\right)$ を取り、この点の f による像を考えると、
$$f\left(\frac{\delta}{2}, b\right) = \left(1 + \frac{\delta}{2}, b\right) \notin N_\varepsilon((0, b), \mathbb{R}^2) = N_\varepsilon(f(0, b); \mathbb{R}^2)$$
したがって、

$$f(N_\delta((0,b);\mathbb{R}^2)) \not\subset N_\varepsilon(f(0,b);\mathbb{R}^2)$$

となり、f の点 $(0,b)$ における不連続性が示されました。 □

問題 3.2.21 写像 $f: \mathbb{R} \longrightarrow \mathbb{R}$ を次のように定義します。

$$f(x) = \begin{cases} 1 & (x \in \mathbb{Q}) \\ 0 & (x \in \mathbb{R} - \mathbb{Q}) \end{cases}$$

さらに、写像

$$\begin{aligned} g: \mathbb{R} &\longrightarrow \mathbb{R} \\ x &\longmapsto xf(x) \end{aligned}$$

を考えたとき、g の各点での連続性を調べなさい。

★ 3.2.4 連続写像に関する諸定理

連続性に関して、様々な例を見てきましたが、この節では連続写像の定性的な性質をいくつか証明しておきましょう。以下、X, Y, Z, W などは全てユークリッド部分距離空間とします。

定理 3.2.22 写像 $f: X \longrightarrow Y$ が与えられたとき、$f: X \longrightarrow Y$ が連続であることと $f: X \longrightarrow f(X)$ が連続であることは同値である。

証明 任意の点 $p \in X$ に対して、任意に $\varepsilon > 0$ を与えたとき、$N_\varepsilon(p; f(X)) = N_\varepsilon(p; Y) \cap f(X)$ が成り立つことからすぐに証明ができます。あとは読者が考えてください。 □

定理 3.2.23 (合成写像の連続性) 2つの連続写像 $f: X \longrightarrow Y$ と $g: Z \longrightarrow W$ が $f(X) \subset Z$ を満たすとき、f と g の合成写像 $g \circ f: X \longrightarrow W$ は連続である。

証明 まず、定理 3.2.22 より、$f: X \longrightarrow f(X)$ の連続性が導かれることを注意しておきます。任意の点 $p \in X$ をとります。このとき、g の連続性より任

意の $\varepsilon > 0$ に対して、
$$\exists \delta > 0 \quad g(N_\delta(f(p); Z)) \subset N_\varepsilon(g \circ f(p); W)$$
となり、また、$f : X \longrightarrow f(X)$ の連続性よりこの δ に対して、
$$\exists \delta' > 0 \quad f(N_{\delta'}(p; X)) \subset N_\delta(f(p); f(X))$$
が成り立ちます。したがって、
$$(g \circ f)(N_{\delta'}(p; X)) \subset g(N_\delta(f(p); f(X))$$
$$\subset g(N_\delta(f(p); Z) \subset N_\varepsilon((g \circ f)(p); W).$$
よって、結論を得ます。 □

系 3.2.24 $f : X \longrightarrow f(X)$ が与えられているとします。$A \subset X$ のとき、f が連続であれば、f の A への制限写像 $f|_A : A \longrightarrow Y$ も連続である。

証明 次のような図式を考えます。

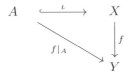

この図は、$f|_A = f \circ \iota$ を意味しています。このような図式を写像の**可換図式** (commutative diagram) と言います。これより定理 3.2.23 を用いて直ちに証明ができます。 □

注意 3.2.25 より複雑な可換図式もあります。例えば、

$$\begin{array}{ccccc} A & \xrightarrow{f_1} & B & \xrightarrow{f_2} & C \\ \downarrow h_1 & & \downarrow h_2 & & \downarrow h_3 \\ E & \xrightarrow{g_1} & F & \xrightarrow{g_2} & G \end{array}$$

のような図式ですが、この可換図式は
$$h_2 \circ f_1 = g_1 \circ h_1, \quad h_3 \circ f_2 = g_2 \circ h_1$$

を意味しています。つまり可換図式とは、集合と写像の図式で、始域と終域が同一の合成写像が全て同じになるようなものなのです。

定理 3.2.26 2つの連続写像 $f, g: X \longrightarrow \mathbb{R}$ を考える。このとき、

(1) 写像 $f + g : X \longrightarrow \mathbb{R}$, $(f+g)(x) = f(x) + g(x)$ は連続である。

(2) 写像 $fg : X \longrightarrow \mathbb{R}$, $(fg)(x) = f(x)g(x)$ は連続である。

(3) 写像 $\dfrac{f}{g} : X - \{x \mid g(x) = 0\} \longrightarrow \mathbb{R}$, $\dfrac{f}{g}(x) = \dfrac{f(x)}{g(x)}$ は連続である。

証明 この定理の証明は、微積分の教科書などで説明されていますので、そちらに委ねることにします。 □

上の定理を用いると、一般的な多項式関数の連続性が示されます。

定理 3.2.27 $X \subset \mathbb{R}^m$ とし、

$$p : X \longrightarrow \mathbb{R}, \quad (x_1, \cdots, x_m) \longmapsto \sum_{\text{有限和}} a_{i_1, \cdots, i_m} x_1^{i_1} \cdots x_m^{i_m}$$

を X 上の**多項式関数** (polynomial function) という。この関数は連続である。

証明 まず、X から $\mathbb{R}$ への射影

$$\pi_i : X \longrightarrow \mathbb{R}, \quad (x_1, \cdots, x_i, \cdots, x_m) \longmapsto x_i$$

を考えます。例 3.2.7 より π_i は連続写像です。多項式関数 p は π_i と定値写像の和・積で表されています。$c : X \longrightarrow \mathbb{R}$ を $c(x) = a$ となるような定値写像とすると、

$$a x_1^{i_1} \cdots x_m^{i_m} = c(x) \pi_1(x)^{i_1} \cdots \pi_m(x)^{i_m}$$

と表すことができます。多項式関数はこのような項の和です。定理 3.2.26 によると、連続関数の和や積はまた連続ですから、多項式関数は連続であることが分かります。 □

3.2 写像の連続性

例 3.2.28 次の 2 つの写像を考えます。

$$f : \mathbb{R}^2 \longrightarrow \mathbb{R}, \qquad g : \mathbb{R}^+ \longrightarrow \mathbb{R}$$
$$(x, y) \longmapsto x^2 + y^2 + 1 \qquad z \longmapsto \log z$$

ただし、$\mathbb{R}^+$ は正の実数全体の集合を表します。f は x, y の多項式関数なので連続です。また、g の連続性は微積分学で証明したと思います。ここで、$f(\mathbb{R}^2) = \{y \mid y > 1\} \subset \mathbb{R}^+$ なので、定理 3.2.23 より、

$$g \circ f : \mathbb{R}^2 \longrightarrow \mathbb{R}$$
$$(x, y) \longmapsto \log(x^2 + y^2 + 1)$$

は連続写像であることが分かります。

定理 3.2.29 写像 $f : X \longrightarrow Y, g : X \longrightarrow Z$ に対して、

$$h : X \longrightarrow Y \times Z$$
$$x \longmapsto (f(x), g(x))$$

と定義する。このとき、写像 h が連続であるための必要十分条件は f, g が両方とも連続であることである。

証明 まず、条件が必要であることを証明しましょう。次のような可換図式を描くことができます。

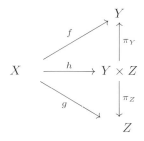

ここで、π_Y, π_Z は $Y \times Z$ から Y, Z への射影を表していますが、これらは連続写像ですので、定理 3.2.23 より f, g も連続です。

次に条件の十分性を示します。点 $p \in X$ における h の連続性を示しましょう。任意の $\varepsilon > 0$ に対して、

$$N_{\frac{\varepsilon}{2}}(f(p);Y) \times N_{\frac{\varepsilon}{2}}(g(p);Z) \subset N_{\varepsilon}(h(p);Y \times Z)$$

となります。なぜなら、$\forall (y,z) \in N_{\frac{\varepsilon}{2}}(f(p);Y) \times N_{\frac{\varepsilon}{2}}(g(p);Z)$ に対して、

$$d_Y(y,f(p)) < \frac{\varepsilon}{2}, \qquad d_Z(z,g(p)) < \frac{\varepsilon}{2}$$

より

$$d_{Y \times Z}((y,z),h(p)) \leq d_Y(y,f(p)) + d_Z(z,g(p)) < \frac{\varepsilon}{2} + \frac{\varepsilon}{2} = \varepsilon \tag{3.3}$$

が成立するからです。ここで、$d_Y, d_Z, d_{Y \times Z}$ はそれぞれユークリッド部分空間 $Y, Z, Y \times Z$ における距離であるとします。一方、f, g の連続性から

$$\exists \delta_f > 0 \quad f(N_{\delta_f}(p,X)) \subset N_{\frac{\varepsilon}{2}}(f(p);Y)$$
$$\exists \delta_g > 0 \quad g(N_{\delta_g}(p,X)) \subset N_{\frac{\varepsilon}{2}}(g(p);Z)$$

ここで、$\delta = \min\{\delta_f, \delta_g\}$ とおくと、

$$h(N_\delta(p;X)) \subset f(N_\delta(p;X)) \times g(N_\delta(p;X))$$
$$\subset N_{\frac{\varepsilon}{2}}(f(p);Y) \times N_{\frac{\varepsilon}{2}}(g(p);Z)$$
$$\subset N_{\varepsilon}(h(p);Y \times Z)$$

したがって、h は p で連続であることが分かります。 □

問題 3.2.30 定理 3.2.29 の証明中の不等式 (3.3) を示しなさい。

系 3.2.31 写像 $f_i : X \longrightarrow Y_i \ (i = 1, \cdots, k)$ に対して、

$$h : X \longrightarrow Y_1 \times \cdots \times Y_k$$
$$x \longmapsto (f_1(x), \cdots, f_k(x))$$

と定義する。このとき、写像 h が連続であるための必要十分条件は f_i ($i = 1, \cdots, k$) がすべて連続であることである。

問題 3.2.32 系 3.2.31 を数学的帰納法によって証明しなさい。

系 3.2.33 写像 $f : X \longrightarrow Z, g : Y \longrightarrow W$ が連続であるための必要十分条件

は写像

$$h: X \times Y \longrightarrow Z \times W$$
$$(x, y) \longmapsto (f(x), g(y))$$

が連続であることである。

問題 3.2.34 系 3.2.33 を証明しなさい。(ヒント: 下のような可換図式

$$\begin{array}{ccc} Y & \xrightarrow{g} & W \\ \iota_Y \downarrow & & \uparrow \pi_W \\ X \times Y & \xrightarrow{h} & Z \times W \\ \iota_X \downarrow & & \downarrow \pi_Z \\ X & \xrightarrow{f} & Z \end{array}$$

を考えてみてください。)

例 3.2.35 写像 $f : \mathbb{R}^2 \longrightarrow \mathbb{R}^2$, $f(x, y) = (\log(x^2 + y^2 + 1), \sin(x + y))$ は連続写像である。

解説

$$f_1 : \mathbb{R}^2 \longrightarrow \mathbb{R}, \qquad f_2 : \mathbb{R}^2 \longrightarrow \mathbb{R}$$
$$(x, y) \longmapsto \log(x^2 + y^2 + 1) \qquad (x, y) \longmapsto \sin(x + y)$$

とすると、既に説明したように f_1 は連続であり、f_2 も f_1 と同様にして連続性が示されます。したがって、定理 3.2.29 から f の連続性が分かります。 □

問題 3.2.36 $S^2 - \{N\}$ を $\mathbb{R}^3$ の部分距離空間と見たとき、立体射影 $\pi : S^2 - \{N\} \longrightarrow \mathbb{R}^2$ は連続であることを示しなさい。(ヒント：$\tilde{\pi} : S^2 - \{(x, y, z) \mid z = 1\} \longrightarrow \mathbb{R}^2$, $\tilde{\pi}(x, y, z) = \left(\dfrac{x}{1-z}, \dfrac{y}{1-z}\right)$ として、次のような可換図式を考えます。

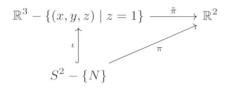

後は読者に任せます。)

★ 3.2.5 連続性の点列による特徴付け

写像の連続性を点列で表現することを学びましょう。点列は微分積分学などで既に学んだと思いますが、ここで再確認しておきます。

まず数列 $\{a_n\}_{n\in\mathbb{N}}$ の収束について復習してみましょう。数列 $\{a_n\}_{n\in\mathbb{N}}$ が a に収束するとは、点 a の任意の ε 近傍 $N_\varepsilon(a;\mathbb{R})$ が与えられたとき、十分大きな自然数 $N \in \mathbb{N}$ を選ぶと、N より大きな任意の自然数 $n \in \mathbb{N}$ に対して、$a_n \in N_\varepsilon(a;\mathbb{R})$ が成り立つ事である、と教わったはずです。論理記号で表すと、

$$\forall \varepsilon > 0 \quad \exists N \in \mathbb{N} \quad \forall n \in \mathbb{N} \quad (n \geq N \to a_n \in N_\varepsilon(a;\mathbb{R}))$$

が成立する、となります。近傍の代わりに、距離を用いて

$$\forall \varepsilon > 0 \quad \exists N \in \mathbb{N} \quad \forall n \in \mathbb{N} \quad (n \geq N \to d(a_n,a) < \varepsilon)$$

が成立すると表すこともできます。数列の極限のこのような表し方を $\varepsilon\text{--}N$ 論法と言います。数列に関する基本的な定理を幾つか挙げておきます。

定理 3.2.37 数列 $\{a_n\}$, $\{b_n\}$ が収束するとき、次が成立する。
(1) $\lim_{n\to\infty}(a_n \pm b_n) = \lim_{n\to\infty} a_n \pm \lim_{n\to\infty} b_n$
(2) $\lim_{n\to\infty}(a_n b_n) = \lim_{n\to\infty} a_n \cdot \lim_{n\to\infty} b_n$
(3) $\lim_{n\to\infty}\left(\dfrac{a_n}{b_n}\right) = \dfrac{\lim_{n\to\infty} a_n}{\lim_{n\to\infty} b_n}$

ただし、(3) においては $b_n \neq 0 \ (n = 1, 2, \cdots)$ かつ $\lim_{n\to\infty} b_n \neq 0$ とする。

この定理の証明は $\varepsilon\text{--}N$ 法の良い練習になります。(1) の証明を以下で与えます。(2), (3) の証明は微積分の教科書などを参考に各自でやってみてください。

証明 $\lim_{n\to\infty} a_n = a$, $\lim_{n\to\infty} b_n = b$ とおくと、任意の $\varepsilon > 0$ に対して

$$\exists N_a \in \mathbb{N} \quad \forall m \in \mathbb{N} \quad \left(m \geq N_a \to d(a_m, a) < \frac{1}{2}\varepsilon\right),$$

$$\exists N_b \in \mathbb{N} \quad \forall n \in \mathbb{N} \quad \left(n \geq N_b \to d(b_n, b) < \frac{1}{2}\varepsilon\right)$$

が成り立つ、となります。ここで、$N = \max\{N_a, N_b\}$ とおくと、

$$\forall k \in \mathbb{N} \quad \left(k \geq N \to d(a_k, a) < \frac{1}{2}\varepsilon \text{ かつ } d(b_k, b) < \frac{1}{2}\varepsilon\right)$$

が成り立ちます。したがって、

$$\forall k \in \mathbb{N} \quad (k \geq N \to d(a_k + b_k, a + b) = |(a_k + b_k) - (a + b)|$$
$$\leq |a_k - a| + |b_k - b|$$
$$= d(a_k, a) + d(b_k, b) < \varepsilon)$$

が成り立つことになるので、(1) は証明されました。 □

問題 3.2.38 上の定理の (2) と (3) の証明を与えなさい。

数列 $\{a_n\}_{n\in\mathbb{N}}$ が $a_1 \leq a_2 \leq \cdots \leq a_n \leq \cdots$ を満たすとき、**単調増加** (monotonically increasing) であると言い、$a_1 \geq a_2 \geq \cdots \geq a_n \geq \cdots$ を満たすとき、**単調減少** (monotonically decreasing) であると言います。両方合わせて**単調** (monotone) と言います。また、数列 $\{a_n\}_{n\in\mathbb{N}}$ に対して、

$$\exists M \in \mathbb{R} \quad \forall n \in \mathbb{N} \quad a_n \leq M$$

が成立するとき、**上に有界** (bounded above) であると言い、

$$\exists m \in \mathbb{R} \quad \forall n \in \mathbb{N} \quad a_n \geq m$$

が成立するとき、**下に有界** (bounded below) であるといいます。数列が上下に有界であることを単に**有界** (bounded) であると言います。

単調で有界な数列に関して大変重要な次の定理があります。

定理 3.2.39 上に有界な単調増加数列は収束する。また、下に有界な単調減少数列は収束する。

この定理は「実数 $\mathbb{R}$ の連続性」(または「実数の完備性」) と呼ばれる実数 $\mathbb{R}$ のもつ根源的な性質を主張するもので、実数の性質を述べる基本的な定理です。したがって、証明は実数そのものを構成する中でされることになるので、ここでは証明を与えることはしません。

一般に、ユークリッド距離空間 $\mathbb{R}^m$ 内の点の列 $p_1, p_2, \cdots, p_n, \cdots$ を**点列** (sequence) と呼びます。数列と同じように $\{p_n\}_{n \in \mathbb{N}}$ と表します。この点列が点 p に収束することを、次のように定義します。

定義 3.2.40 次の条件が成り立つとき、$\mathbb{R}^m$ 内の点列 $\{p_n\}_{n \in \mathbb{N}}$ が点 p に**収束する** (convergent to p) という。

$$\forall \varepsilon > 0 \quad \exists N \in \mathbb{N} \quad \forall n \in \mathbb{N} \quad (n \geq N \to p_n \in N_\varepsilon(p; \mathbb{R}^m))$$

このとき、$\lim_{n \to \infty} p_n = p$ または $p_n \to p \ (n \to \infty)$ と書く。

この定義は点列 $\{p_n\}_{n \in \mathbb{N}}$ が点 p に収束するというのは、p の近傍の半径をどんなに小さく取っても充分大きな自然数 N を取れば、N 以上の自然数 n に対して、p_n はその小さな近傍に含まれてしまうことであると主張しています。言い方を変えると、p の近傍の半径をどんなに小さく取っても、この近傍に含まれない p_n は有限個しかないということができます。次の図は点列 $\{p_n\}_{n \in \mathbb{N}}$ が点 p に収束する様子を表しています。

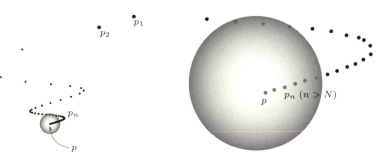

点列の収束は数列の収束に帰着することが次の定理から分かります。

3.2 写像の連続性

定理 3.2.41 $\mathbb{R}^m$ 内の点列 $\{p_n\}_{n\in\mathbb{N}}$ が点 p に収束するための必要十分条件は $p_n = (p_n^1, \cdots, p_n^m)$, $p = (p_1, \cdots, p_m)$ $(k = 1, \cdots, m)$ と表したとき、各数列 $\{p_n^k\}_{n\in\mathbb{N}}$ $(n = 1, \cdots, m)$ が p_k に収束することである。

証明 まず、この条件の十分性を示します。$k = 1, \cdots, m$ に対して、$p_n^k \to p_k$ $(n \to \infty)$ ですから

$$\forall \varepsilon > 0 \quad \exists N_k \in \mathbb{N} \quad \forall n \in \mathbb{N} \quad \left(n \geq N_k \to d(p_n^k, p_k) < \frac{\varepsilon}{\sqrt{m}} \right)$$

が成り立ちます。ここで、$N = \max\{N_1, \cdots, N_m\}$ とおくと、$k = 1, \cdots, m$ に対して

$$\forall n \in \mathbb{N} \quad \left(n \geq N \to d(p_n^k, p_k) < \frac{\varepsilon}{\sqrt{m}} \right)$$

が成立します。したがって、

$$\forall n \in \mathbb{N} \quad (n \geq N \to d(p_n, p) = \sqrt{d(p_n^1, p_1)^2 + \cdots + d(p_n^m, p_m)^2} < \varepsilon)$$

が成り立ちますが、これは、$p_n \to p$ $(n \to \infty)$ が成立することを意味します。

それでは、条件の必要性はどうでしょう。$p_n \to p$ $(n \to \infty)$ が成り立ちますので、

$$\forall \varepsilon > 0 \quad \exists N \in \mathbb{N} \quad \forall n \in \mathbb{N} \quad (n \geq N \to d(p_n, p) < \varepsilon)$$

が成立します。したがって、$k = 1, \cdots, m$ に対して、

$$\forall n \in \mathbb{N} \quad (n \geq N \to d(p_n^k, p_k) \leq d(p_n, p) < \varepsilon$$

が成り立ちます。これは、$k = 1, \cdots, m$ に対して、$p_n^k \to p_k$ $(n \to \infty)$ が成立することを意味します。 □

数列の収束を例で見てみましょう。

例 3.2.42 $\displaystyle\lim_{n\to\infty} \frac{1}{n} = 0$ である。

解説 原点 O の任意の ε 近傍 $(-\varepsilon, \varepsilon)$ を与えたとき、自然数 N をどの程度

大きく取れば、任意の $n \in \mathbb{N}$ に対して、$n \geq N$ ならば $\frac{1}{n} \in (-\varepsilon, \varepsilon)$ とすることができるのでしょうか。$\frac{1}{n} \in (-\varepsilon, \varepsilon)$ を言い換えると、$-\varepsilon < \frac{1}{n} < \varepsilon$ ですので、$n \geq N$ ならば $0 < \frac{1}{n} < \frac{1}{N} < \varepsilon$ を満たすように N を選ぶことができれば良いのです。つまり、N を大きく取ると、どんな小さな正数よりも $\frac{1}{N}$ は小さくできるかと問われているのです。これは当たり前のことのように思えますが、厳密には証明を要します。しかもこの事実は実数 (自然数) の根源的な性質であり、証明するためには実数論を厳密に展開する必要があるのです。ここでは、次の定理 (原理) を認めて先に進みましょう。

定理 3.2.43 (アルキメデスの原理) 任意に与えられた 2 つの正数 a, b に対して、$aN > b$ を満たす自然数 $N \in \mathbb{N}$ が存在する。

この定理は当然成り立つような気がするでしょうが、b が銀河の直径 (数十万光年) ほどで、a がウイルスの大きさほど (数ナノメートル) だとすると本当に N が見つかるのかなと心配になりませんか？

$\frac{1}{N} < \varepsilon$ を $1 < N\varepsilon$ と変形してアルキメデスの原理を適用すれば、このような N の存在が保証されることが分かります。まとめると、任意に $\varepsilon > 0$ が与えられたとき、アルキメデスの原理より $N\varepsilon > 1$ となる自然数 N の存在が保証され、任意の自然数 n に対して、$n \geq N$ ならば $0 < \frac{1}{n} \leq \frac{1}{N} < \varepsilon$、すなわち $\frac{1}{n} \in (-\varepsilon, \varepsilon)$ が成り立つ。よって、$\lim_{n \to \infty} \frac{1}{n} = 0$ が示されたことになります。
□

問題 3.2.44 a, b がともに有理数のとき上のアルキメデスの原理 (定理 3.2.43) を証明しなさい。

例 3.2.45 $\lim_{n \to \infty} \frac{1}{n} \sin n = 0$ である。

解説 任意の $\varepsilon > 0$ が与えられたとします。どのような自然数 n に対しても

$$\left|\frac{1}{n}\sin n\right| = \frac{1}{n}|\sin n| \leq \frac{1}{n}$$

なので、アルキメデスの原理から自然数 N を $1 < \varepsilon N$ と取ることができて、$n \geq N$ を満たすすべての自然数 n に対して、$\left|\frac{1}{n}\sin n\right| < \varepsilon$ が成り立ちます。これによって結論が導かれます。 □

問題 3.2.46 2つの数列 $\{a_n\}$, $\{b_n\}$ が与えられたとき、任意の n に対して、$0 \leq a_n \leq b_n$ で、かつ $b_n \to 0$ ならば、$a_n \to 0$ であることを示しなさい。

点列が収束しないというのはどういうことなのでしょうか。ユークリッド距離空間 $\mathbb{R}^m$ 内の点列 $\{p_n\}$ が点 p に収束しないという事象は命題

$$\forall \varepsilon > 0 \quad \exists N \in \mathbb{N} \quad \forall n \in \mathbb{N} \quad (n \geq N \to p_n \in N_\varepsilon(p; \mathbb{R}^m))$$

の否定で表されますから

$$\exists \varepsilon > 0 \quad \forall N \in \mathbb{N} \quad \exists n \in \mathbb{N} \quad (n \geq N \text{ かつ } p_n \notin N_\varepsilon(p; \mathbb{R}^m))$$

が成立するということになります。これは、点 p のある半径 $\varepsilon > 0$ の近傍をとると、この近傍に含まれない p_n の番号 n が無数にあることを示しています。このとき、まず $N = 1$ に対して存在する自然数 n を n_1 ($1 \leq n_1$) と書くことにします。そして、次に $N = n_1 + 1$ に対して存在する自然数 n を n_2 ($n_1 < n_2$)、$N = n_2 + 1$ に対して存在する自然数 n を n_3 ($n_2 < n_3$)、というように次々に n_k ($k = 1, 2, 3, \cdots$) を定めてゆくと自然数からなる数列 $\{n_k\}_{k \in \mathbb{N}}$ ($n_k < n_{k+1}$) が得られます。$p_{n_k} \notin N_\varepsilon(p; \mathbb{R}^m)$ は明らかでしょう。逆に、このような自然数列 n_k が存在すれば、すべての $k \in \mathbb{N}$ に対して、点列 $\{p_n\}$ が点 p に収束しないことが証明されます (問題 3.2.47)。

問題 3.2.47 ある正の数 ε に対して、$p_{n_k} \notin N_\varepsilon(p; \mathbb{R}^m)$ となる自然数列 $\{n_k\}_{k \in \mathbb{N}}$ が存在すれば、点列 $\{p_n\}_{n \in \mathbb{N}}$ は点 p に収束しないことを証明しなさい。

例 3.2.48 $a_n = \sin n$ とおくと数列 $\{a_n\}$ はいかなる値にも収束しない。

解説 $|a_n| \leq 1$ ですので、絶対値が 1 より大きな数には収束しないことは明らかでしょう。自分で証明してみてください。問題は $-1 \leq \alpha \leq 1$ なる数 α に収束しないことを証明することです。今、正数 ε を区間 $(\alpha - \varepsilon, \alpha - \varepsilon)$ が $-1, 1$ を含まないように取ったとします。実際、$\varepsilon < |\alpha - 1|, |\alpha + 1|$ と取れば良いのです。このとき、自然数列 $n_k = 2\pi k$ と取ったとします。そうすると、$a_{n_k} = \sin 2\pi k = 1$ なので $a_{n_k} \notin (\alpha - \varepsilon, \alpha - \varepsilon)$ となり、$\{a_n\}$ は α には収束しないことが分かります。 □

先ほどの $\{n_k\}_{k \in \mathbb{N}}$ は自然数列 $\{n\}_{n \in \mathbb{N}}$ の「部分列」であるといえます。部分列の定義をしておきましょう。例えば、自然数列 $1, 2, 3, \cdots, n, \cdots$ から、「所々つまんで作った数列」$3, 5, 8, 10, \cdots$ などを部分列というのです。この所々つまむということを正確に表すと次のようになります。

定義 3.2.49 写像 $n : \mathbb{N} \longrightarrow \mathbb{N}, \ n(k) < n(k+1) \ (k \in \mathbb{N})$ が与えられたとき、$n(k) = n_k$ と書いて、点列 $\{p_{n_k}\}$ を点列 $\{p_n\}$ の**部分列** (subsequence) という。

定義の中の数列 $\{n_k\}_{k \in \mathbb{N}}$ は自然数の数列 $\{n\}_{n \in \mathbb{N}}$ の部分列であることに注意しましょう。つまり、点列 $\{p_n\}$ に対して、適当な自然数の数列 $\{n\}_{n \in \mathbb{N}}$ のある部分列 $\{n_k\}_{k \in \mathbb{N}}$ に対して造られた点列 $\{p_{n_k}\}$ を部分列というのです。

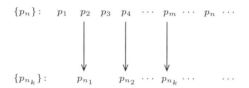

もとの数列とその部分列の収束に関する次の定理があります。

定理 3.2.50 数列 $\{p_n\}$ が点 p に収束するための必要十分条件は、その任意の部分列が点 p に収束することである。

証明 数列 $\{p_n\}$ 自身が自分の部分列ですから、条件が十分であることは明らかでしょう。必要性を証明することにします。任意の部分列 $\{p_{n_k}\}$ を選びます。このとき、$p_n \to p \ (n \to \infty)$ なので

$$\forall \varepsilon > 0 \quad \exists N \in \mathbb{N} \quad \forall n \in \mathbb{N} \quad (n \geq N \to d(p_n, p) < \varepsilon)$$

が成り立ちます。さて、数列 $\{n_k\}$ の作り方から $N < n_\kappa$ となるような $\kappa \in \mathbb{N}$ が必ず存在します。このとき、

$$\forall k \in \mathbb{N} \quad (k \geq \kappa \to d(p_{n_k}, p) < \varepsilon)$$

つまり、$p_{n_k} \to p \ (k \to \infty)$ が成立することが示されました。 □

写像の連続性を点列で表現してみましょう。

定理 3.2.51 $X \subset \mathbb{R}^m$ から $Y \subset \mathbb{R}^n$ への写像 $f : X \longrightarrow Y$ が点 $p \in X$ で連続であるための必要十分条件は p に収束する X 内の任意の点列 $\{p_n\}$ に対して、Y 内の点列 $\{f(p_n)\}$ が点 $f(p)$ に収束することである。

証明 まず条件の必要性を証明しましょう。f は点 p で連続ですから

$$\forall \varepsilon > 0 \quad \delta > 0 \quad \forall x \in X \quad (d_m(x, p) < \delta \to d_n(f(x), f(p)) < \varepsilon)$$

が成り立ちます。X 内の点 p に収束する任意の点列 $\{p_k\}_{k \in \mathbb{N}}$ を取ると、

$$\exists N \in \mathbb{N} \quad \forall k \quad (k \geq N \to d(p_k, p) < \delta)$$

が成立するので、

$$\forall k \quad (k \geq N \to d_n(f(p_k), f(p)) < \varepsilon)$$

が成立します。すなわち、$f(p_k) \to f(p) \ (k \to \infty)$ が成り立ちます。

次に条件の十分性を示しましょう。背理法を用いることにします。ある点 $p \in X$ に対して

$$\exists \varepsilon > 0 \quad \forall \delta > 0 \quad \exists x \in X \quad (d_m(x, p) < \delta \text{ かつ } d_n(f(x), f(p)) \geq \varepsilon)$$

と仮定します。このとき、δ は任意ですので、任意の $k \in \mathbb{N}$ に対して、$\delta = \dfrac{1}{k}$

とおくと

$$\exists x_k \in X \quad \left(d_m(x_k, p) < \frac{1}{k} \text{ かつ } d_n(f(x_k), f(p)) \geq \varepsilon\right)$$

となることが分かります。これより点 p に収束する X の点列 $\{x_k\}$ を得ることができますが、上の式は、数列 $\{f(x_k)\}$ が $f(p)$ に収束しないことを意味します。これは仮定に矛盾します。よって、条件の十分性が示されました。したがって、定理の証明が完了しました。 □

この定理から、写像 $f : X \longrightarrow Y$ が点 p で連続でないというのは

$$\exists \{p_n\}(p_n \in X) \quad (p_n \to p \text{ かつ } f(p_n) \not\to f(p))$$

と表現されることが分かります。ただし、$f(p_n) \not\to f(p)$ は $\{f(x_n)\}$ が $f(p)$ に収束しないことを意味します。この定理を用いて例 3.2.18 をもう一度見直してみましょう。任意の $n \in \mathbb{N}$ に対して、$x_n = \dfrac{1}{n\pi}$ とおくと数列 $\{x_n\}$ は 0 に収束しますが、$f(x_n) = \sin x_n = \sin n\pi = \pm 1$ ですから数列 $\{f(x_n)\}$ は収束しません。したがって、f は $x = 0$ で不連続ということになります。

この定理により今まで述べてきた連続写像の性質は全て点列を使って示すことができます。読者は自らこのことを確かめてください。

不連続写像の例をもう 1 つ挙げておきます。

例 3.2.52 写像 $f : \mathbb{R}^2 \longrightarrow \mathbb{R}$ を次のように定義します。

$$f(x, y) = \begin{cases} \dfrac{x}{\sqrt{x^2 + y^2}} & (x, y) \neq (0, 0) \\ 0 & (x, y) = (0, 0) \end{cases}$$

f は原点で不連続になります。この写像のグラフは次ページの図のようになります。

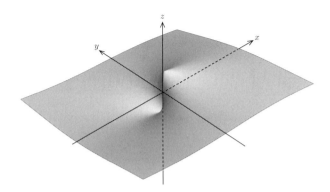

解説 xy 平面において、直線 $y = mx$ を考えます。この直線上の点列 $\{p_n^{(m)}\}_{n \in \mathbb{N}} = \left\{\left(\frac{1}{n}, \frac{m}{n}\right)\right\}_{n \in \mathbb{N}}$ を考えると、この点列は原点 $(0,0)$ に収束します。このとき

$$f(p_n^{(m)}) = \frac{\frac{1}{n}}{\sqrt{m^2\left(\frac{1}{n}\right)^2 + \left(\frac{1}{n}\right)^2}} = \frac{1}{\sqrt{m^2+1}}$$

したがって、$f(p_n^{(m)}) \to \frac{1}{\sqrt{m^2+1}}$ $(n \to \infty)$ となりますが、この収束値は m の値によって変わりますので f は原点で連続ではありません。 □

第4章

ユークリッド空間の位相

ここまで、ユークリッドの距離を用いて $\mathbb{R}^m$ の部分集合やその間の写像の性質を述べてきました。この章では、部分集合に対する新しい概念「開集合、閉集合、閉包」を導入して、ユークリッド距離空間の様々な性質を記述することを目指します。

● **4.1 開集合**

実数直線内の開区間は微積分などで頻繁に出てきていて、すでに馴染み深い概念だと思います。この開区間のような集合を一般の次元のユークリッド空間に導入することを目指します。

★ **4.1.1 開集合の定義**

まず、ユークリッド距離空間 $\mathbb{R}^m$ の部分距離空間 X における「開集合」を定義しましょう。

定義 4.1.1 ユークリッド距離空間 $\mathbb{R}^m$ の部分距離空間 X が与えられたとき、X の部分集合 O が X の**開集合** (open set in X) であるとは

$$\forall p \in O \quad \exists \delta > 0 \quad N_\delta(p; X) \subset O$$

が成り立つときをいう。このとき、O は X で**開** (open in X) であるともいう (次ページ上の図を参照)。

最初に、一番単純な $X = \mathbb{R}^m$ の場合の開集合の例を見てみましょう。

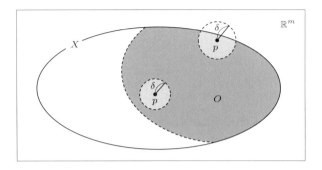

例 4.1.2 開区間 (a, b) は 1 次元ユークリッド距離空間 $\mathbb{R}$ で開です。

解説 区間の任意の点 $x \in (a, b)$ に対して、$0 < \delta < \min\{x-a, b-x\}$ と δ をとると、x の δ 近傍 $(x-\delta, x+\delta)$ 内の任意の点 y に対して

$$a = x - (x-a) < x - \delta < y < x + \delta < x + (b-x) = b$$

つまり、$a < y < b$ となり $y \in (a, b)$ を得ます。したがって、(a, b) は $\mathbb{R}$ で開です。 □

例 4.1.3 原点の半径 1 の近傍 $N_1(O; \mathbb{R}^2) = \{(x, y) \mid x^2 + y^2 < 1\}$ は 2 次元ユークリッド距離空間 $\mathbb{R}^2$ で開です。

解説 $N_1(O; \mathbb{R}^2)$ の任意の点 p を取ってきて、$0 < \delta < 1 - d(O, p)$ となるように δ を選ぶと次ページ上の図のようになる。

$N_\delta(p; \mathbb{R}^2)$ の任意の点 q に対して、3 角不等式より

$$d(O, q) \leq d(O, p) + d(p, q) < d(O, p) + \delta$$
$$< d(O, p) + (1 - d(O, p)) = 1.$$

したがって、$q \in N_1(O; \mathbb{R}^2)$ となり、$N_\delta(p; \mathbb{R}^2) \subset N_1(O; \mathbb{R}^2)$ が示されます。よって、$N_1(O; \mathbb{R}^2)$ は $\mathbb{R}^2$ の開集合です。 □

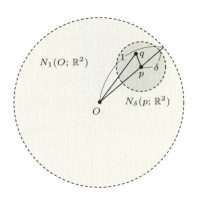

問題 4.1.4 ユークリッド距離空間 $\mathbb{R}^m$ の任意の点 p の任意の近傍 $N_\varepsilon(p;\mathbb{R}^m)$ は $\mathbb{R}^m$ で開であることを示しなさい。

問題 4.1.5 $X \subset \mathbb{R}^m$ のとき、X の開集合 $O \subset X$ は部分距離空間 X 内の近傍の和集合として表されることを示しなさい。

★ 4.1.2 開集合でない例

それでは、X の部分集合 P が「X で開集合でない」とはどのようなことなのかを見てみましょう。このとき、定義から

$$\sim(\forall p \in P \quad \exists \delta > 0 \quad N_\delta(p;X) \subset P)$$
$$\equiv \exists p \in P \quad \forall \delta > 0 \quad N_\delta(p;X) \not\subset P$$
$$\equiv \exists p \in P \quad \forall \delta > 0 \quad \sim(\forall q \ (q \in N_\delta(p;X) \to q \in P))$$
$$\equiv \exists p \in P \quad \forall \delta > 0 \quad \sim(\forall q \ (q \notin N_\delta(p;X) \text{ または } q \in P))$$
$$\equiv \exists p \in P \quad \forall \delta > 0 \quad \exists q \ (q \in N_\delta(p;X) \text{ かつ } q \notin P)$$

が成り立つことが分かります。つまり、P のある点 $p \in P$ が存在して、p のどのような半径の近傍も P に含まれることはない、という意味ですね。

例 4.1.6 部分集合 $[0,1) \subset \mathbb{R}$ は 1 次元ユークリッド距離空間 $\mathbb{R}$ で開ではありません。

解説 原点の勝手な半径の近傍 $N_\delta(0; \mathbb{R})$ をとると、$-\frac{\delta}{2} \in N_\delta(0; \mathbb{R})$ ですが、$-\frac{\delta}{2} \notin [0, 1)$ ですので、$[0, 1)$ は $\mathbb{R}$ で開ではありません。 □

問題 4.1.7 平面の開円板に境界の 1 点を付加した集合 $\{(x, y) \mid x^2 + y^2 < 1\} \cup \{(1, 0)\}$ は 2 次元ユークリッド距離空間 $\mathbb{R}^2$ で開ではないことを示しなさい。

例 4.1.8 1 次元ユークリッド距離空間 $\mathbb{R}$ において、その部分集合 $\mathbb{Q}$ は開ではありません。

解説 原点 $0 \in \mathbb{Q}$ を中心とする任意の半径 δ の近傍 $N_\delta(0; \mathbb{R}) = (-\delta, \delta)$ を考えます。このとき、無理数の $\mathbb{R}$ における稠密性 (注意 3.2.16) よりこの原点の近傍内には必ず無理数が含まれますので、$N_\delta(0; \mathbb{R}) \not\subset \mathbb{Q}$ となり、$\mathbb{Q}$ は $\mathbb{R}$ で開ではないことが分かります。 □

問題 4.1.9 ユークリッド距離空間 $\mathbb{R}^2$ において、その部分集合 $\mathbb{Q}^2$ は開ではないことを示しなさい。

次に、X がユークリッド距離空間そのものではなく、その部分距離空間のときの例を考えてみましょう。

例 4.1.10 $X = [0, \infty) \subset \mathbb{R}$ のとき、$O = [0, 1) \subset X$ は部分距離空間 X で開であるが、それを含むユークリッド距離空間 $\mathbb{R}$ では開でない。

解説 p を O の任意の点とします。$p \neq 0$ の場合は例 4.1.2 と同じようにして、p の X における適当な近傍が O に含まれることが示せますので各自考えてみてください。$p = 0$ の場合は、
$$N_{\frac{1}{2}}(0; X) = N_{\frac{1}{2}}(0; \mathbb{R}) \cap X = \left(-\frac{1}{2}, \frac{1}{2}\right) \cap [0, \infty) = \left[0, \frac{1}{2}\right) \subset [0, 1) = O$$
なので、O は X で開であることが分かります。

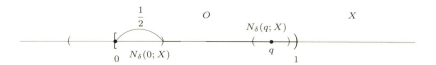

しかし、任意の $\varepsilon > 0$ に対して、$N_\varepsilon(0;\mathbb{R}) = (-\varepsilon, \varepsilon) \not\subset [0,1)$ です。

何故なら、$-\frac{1}{2}\varepsilon \in N_\varepsilon(0;\mathbb{R})$ ですが、$-\frac{1}{2}\varepsilon \notin O = [0,1)$ となるからです。したがって、O は $\mathbb{R}$ で開ではありません。 □

問題 4.1.11 $X = \{(x,y) \mid x \geq 0\} \subset \mathbb{R}^2$ のとき、$O = \{(x,y) \mid x^2 + y^2 < 1$ かつ $x \geq 0\} \subset X$ は部分距離空間 X で開であるが、ユークリッド距離空間 $\mathbb{R}^2$ では開でないことを示しなさい。

★ 4.1.3 開集合の基本性質

次に、開集合の基本的な性質を述べます。

定理 4.1.12 (開集合の基本性質) $X \subset \mathbb{R}^m$ のとき、部分距離空間 X の開集合は次のような性質を持つ。

(1) $\varnothing, X$ は X で開である。

(2) O_1, O_2 が X で開であれば、$O_1 \cap O_2$ も X で開である。

(3) 集合族 $\{O_\lambda\}_{\lambda \in \Lambda}$ に対して、O_λ が X で開であれば、$\bigcup_{\lambda \in \Lambda} O_\lambda$ も X で開である。

証明 まず、(1) を示しましょう。

$$\forall p \in \emptyset \quad \exists \delta > 0 \quad N_\delta(p; X) \subset \emptyset$$
$$\equiv \forall p \ (p \in \emptyset \to \exists \delta > 0 \quad N_\delta(p; X) \subset \emptyset)$$

任意の $p \in X$ に対して $p \in \emptyset$ が偽なので、この命題は真です。したがって、$\emptyset$ は X で開となります。また、$N_\delta(p; X) \subset X$ は常に成り立つので、命題

$$\forall p \in X \quad (p \in X \to \exists \delta > 0 \quad N_\delta(p, X) \subset X)$$

が真であるのは明白でしょう。したがって、X も X で開です。

次に、(2) を示しましょう。任意の $p \in O_1 \cap O_2$ に対して、O_1, O_2 は X の開集合なので、

$$\exists \delta_1, \delta_2 > 0 \quad N_{\delta_1}(p; X) \subset O_1 \text{ かつ } N_{\delta_2}(p; X) \subset O_2$$

が成り立ちます。したがって、$0 < \delta < \min\{\delta_1, \delta_2\}$ となるように δ を決めると、$N_\delta(p; X) \subset O_1$ かつ $N_\delta(p; X) \subset O_2$ が成り立ちます。よって、$N_\delta(p; X) \subset O_1 \cap O_2$ となり、$O_1 \cap O_2$ は X の開集合であることが分かります。

最後に (3) を示しましょう。集合の和の定義から、任意の点 $p \in \bigcup_{\lambda \in \Lambda} O_\lambda$ に対して、ある $\lambda \in \Lambda$ が存在して、$p \in O_\lambda$ となります。O_λ は開集合ですから、ある正の数 δ が存在して、$N_\delta(p; X) \subset O_\lambda$ となります。したがって、$N_\delta(p; X) \subset O_\lambda \subset \bigcup_{\lambda \in \Lambda} O_\lambda$ なので、$\bigcup_{\lambda \in \Lambda} O_\lambda$ が開集合であることが分かります。

□

定理の中で述べられた開集合の 3 つの性質は単なる開集合の性質であるにとどまらず、「開集合を特徴付ける性質」なのです。つまり、開集合に関する議論をするときにはこの 3 つの性質を考えれば十分なのです。さらに位相の勉強を進めて行くと、一般の「位相空間論」を展開することになりますが、この事実が開集合の一般化に本質的な役割を果たすことを覚えていてください。

以後、ユークリッド距離 (部分) 空間やその間の連続写像の性質を開集合を用いて表現することを考えます。このことが達成されてしまえばもはや議論の中に距離は出てきません。距離の代わりに開集合を用いて、様々な性質を説明できるのです。そのような観点から、ユークリッド (部分) 距離空間を「距離」

を省いて、これからは**ユークリッド (部分) 空間** (euclidian subspace) と呼ぶことにします。ここで**ユークリッド位相** (euclidian topology) とは定理 4.1.12 の 3 性質を満たす開集合の全体を指します。

定理の (2) から、2 個にとどまらず任意の有限個の開集合の共通部分はまた開集合であることを示すことができます。

問題 4.1.13 任意の有限個の開集合の共通部分は開集合になることを示しなさい。

しかし、無限個の開集合の共通部分は開集合とは限りません。次がその例です。

例 4.1.14 自然数 n に対して、$O_n = \left(-\dfrac{1}{n}, \dfrac{1}{n}\right)$ とおくと、O_n はユークリッド空間 $\mathbb{R}$ の開集合ですが、$\bigcap_{n \in \mathbb{N}} O_n = \{0\}$ であるので、無限個の開集合の共通部分は開集合とは限りません。

上の例で、$\bigcap_{n \in \mathbb{N}} O_n = \{0\}$ を示さなくてはいけませんが、各自挑戦してみてください。

問題 4.1.15 開集合の無限個の共通部分が開集合にならない例を 2 次元以上のユークリッド空間で見つけなさい。

さて、$X \subset \mathbb{R}^m$ のとき、$O \subset X$ が部分空間 X で開であることは $\mathbb{R}^m$ の開集合を用いて特徴付けることができます。

定理 4.1.16 O が X で開であることの必要十分条件は、$\mathbb{R}^m$ の開集合 $\tilde{O}$ が存在して、$\tilde{O} \cap X = O$ となることである。

証明 まず、条件の十分性を示しましょう。任意の点 $p \in O$ に対して、仮定より $p \in \tilde{O}$ かつ $\tilde{O}$ は $\mathbb{R}^m$ で開なので、$\delta > 0$ が存在して、$N_\delta(p; \mathbb{R}^m) \subset \tilde{O}$

となります。したがって、$N_\delta(p, X) = N_\delta(p, \mathbb{R}^m) \cap X \subset \tilde{O} \cap X = O$ となり結論を得ます。

次に必要性を示しましょう。任意の点 $p \in X$ に対して、$\delta_p > 0$ が存在して、$N_{\delta_p}(p; X) \subset O$ となりますが、ここで、$\tilde{O} := \bigcup_{p \in O} N_{\delta_p}(p; \mathbb{R}^m)$ とおくと、この集合は近傍の和なので $\mathbb{R}^m$ の開集合で、次の等式が成立します。

$$\tilde{O} \cap X = \bigcup_{p \in O}(N_{\delta_p}(p; \mathbb{R}^m) \cap X) = \bigcup_{p \in O} N_{\delta_p}(p; X) = O.$$

最後の等号は読者が各自考えてみてください。したがって、定理が証明されました。 □

系 4.1.17 $O \subset X \subset Y \subset \mathbb{R}^m$ のとき、O が部分空間 X で開であるための必要十分条件は部分空間 Y の開集合 $\tilde{O}$ が存在して、$\tilde{O} \cap X = O$ となることである。

証明は読者に任せます。

問題 4.1.18 定理 4.1.16 を用いて、以下を示してください。

(1) $\mathbb{R}^2$ の部分空間 S^1 上の弧 $\left\{(\cos\theta, \sin\theta) \,\middle|\, -\dfrac{\pi}{4} < \theta < \dfrac{\pi}{4}\right\}$ は S^1 で開である。

(2) $\mathbb{R}^3$ の部分空間 S^2 の赤道を含まない北半球は S^2 で開である。

★ 4.1.4 開集合の直積

$\mathbb{R}^2$ 内の境界を含まない長方形が $\mathbb{R}^2$ で開であることは定義より直接示すことができるでしょう。一方、そのような長方形は $\mathbb{R}$ 内の開区間の直積で表すことができます。例えば次ページ上の図の $(a,b) \times (c,d)$ のようです。

この長方形のような集合が開であることを判定する便利な方法があります。

第 4 章 ユークリッド空間の位相

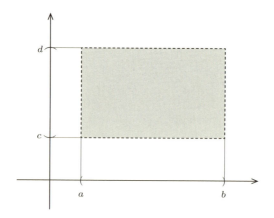

定理 4.1.19 $X \subset \mathbb{R}^m$, $Y \subset \mathbb{R}^n$ のとき、X, Y の部分集合 U, V がそれぞれ部分空間 X, Y で開であるとすると直積 $U \times V$ は $\mathbb{R}^{m+n}$ の部分空間 $X \times Y$ で開である。

証明 任意の点 $(p,q) \in U \times V$ に対して、仮定より正数 δ_1, δ_2 が存在して、$N_{\delta_1}(p, X) \subset U$, $N_{\delta_2}(q, Y) \subset V$ となります。

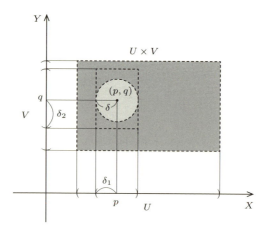

ここで、$\delta = \min\{\delta_1, \delta_2\} > 0$ とおくと、任意の $(x,y) \in N_\delta((p,q); X \times Y)$ に対して、$d((x,y),(p,q)) < \delta$ となります。ただし、d は $\mathbb{R}^{m+n}$ にお

けるユークリッドの距離とします。一方、ユークリッドの距離の定義から $d_1(x,p),\ d_2(y,q) \leq d((p,q),(x,y))$ なので、$d_1(x,p), d_2(y,q) < \delta$、したがって、$d_1(x,p) < \delta_1,\ d_2(y,q) < \delta_2$ を得ます。ここで、d_1, d_2 はそれぞれ $\mathbb{R}^m$, $\mathbb{R}^n$ におけるユークリッドの距離です。これは

$$(x,y) \in N_{\delta_1}(p,X) \times N_{\delta_2}(q,X) \subset U \times V$$

を意味します。したがって、$N_\delta((p,q), X \times Y) \subset U \times V$ となり結論を得ます。
□

問題 4.1.20 ユークリッド部分空間 $X_i \subset \mathbb{R}^{m_i}\ (i=1,\cdots,k)$ の開集合 O_i に対して、$O_1 \times \cdots \times O_k$ はユークリッド部分空間 $X_1 \times \cdots \times X_k$ の開集合であることを上の定理から帰納法によって導いてください。

次の定理は部分空間の直積空間の開集合を理解する上で重要です。

定理 4.1.21 部分空間 $X \subset \mathbb{R}^m$, $Y \subset \mathbb{R}^n$ の直積 $X \times Y \subset \mathbb{R}^{m+n}$ の任意の開集合 O は X の開集合と Y の開集合の直積の和として表せる。つまり、集合族 $\{U_\lambda\}_{\lambda \in \Lambda}, \{V_\lambda\}_{\lambda \in \Lambda}$ (U_λ は X の開集合、V_λ は Y の開集合) が存在して

$$O = \bigcup_{\lambda \in \Lambda} U_\lambda \times V_\lambda$$

と書ける。

証明 任意に O の点 (x,y) を取ると、$\exists \delta_{(x,y)} > 0\ N_{\delta_{(x,y)}}((x,y); X \times Y) \subset O$ となります。ここで、$0 < \delta < \delta_{(x,y)}$ となるように正数 δ を選ぶと $\forall (p,q) \in N_{\frac{1}{2}\delta}(x;X) \times N_{\frac{1}{2}\delta}(y;Y)$ に対して、

$$d((p,q),(x,y)) \leq d_1(p,x) + d_2(q,y) \leq \frac{1}{2}\delta + \frac{1}{2}\delta = \delta < \delta_{(x,y)}$$

となるので、$(p,q) \in N_{\delta_{(x,y)}}((x,y); X \times Y)$、すなわち

$$N_{\frac{1}{2}\delta}(x;X) \times N_{\frac{1}{2}\delta}(y;Y) \subset N_{\delta_{(x,y)}}((x,y); X \times Y) \subset O$$

を得ます。ここで、d, d_1, d_2 は定理 4.1.19 の証明中の記号と同じ意味です。し

たがって、
$$\bigcup_{(x,y)\in O} N_{\frac{1}{2}\delta}(x;X) \times N_{\frac{1}{2}\delta}(y;Y) \subset O$$
となります。

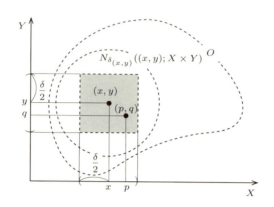

$(x,y) \in N_{\frac{1}{2}\delta}(x;X) \times N_{\frac{1}{2}\delta}(y;Y)$ より、O が左の和に含まれることが分かるので、上の包含関係は等式となります。O が X の開集合と Y の開集合の直積の和で表せることが分かりましたので結論を得ます。 □

● **4.2 閉集合**

開集合と対をなす概念として閉集合があります。

★ **4.2.1 閉集合の定義**

定義 4.2.1 部分空間 X 内の部分集合 F が

$$\forall p \in X \ ((\forall \varepsilon > 0 \quad N_\varepsilon(p;X) \cap F \neq \emptyset) \to p \in F)$$

を満たすとき、F は X の**閉集合** (closed set) あるいは X で**閉** (closed in X) であるという。命題中の "(" の括り方に注意が必要である。

上の定義中の命題は少し複雑で今まで出てこなかったタイプのものです。命題全体が全称命題になっていて、→ の前がさらに全称命題になっています。この命題を解釈すると、F が X で閉であるとは「X の点で、その任意の近傍が

F と常に交わる点は F の点になっている」ということです。

定理 4.2.2 F が X で閉であるための必要十分条件は

$$\forall \{p_n\}_{n\in\mathbb{N}} \ (p_n \in F) \quad (\exists \lim_{n\to\infty} p_n \underline{\in X} \to \lim_{n\to\infty} p_n \underline{\in F})$$

である。下線の部分に注意すること。

必要十分条件の内容は「F の点列を任意に選んだとき、その点列が X の点に収束するならばその収束点は実は F の点になっている」ということです。命題の中で $\exists \lim_{n\to\infty} p_n \in X$ の部分は正確には「$\exists \lim_{n\to\infty} p_n$ かつ $\lim_{n\to\infty} p_n \in X$」という意味ですので注意してください。

証明 (定理 4.2.2) まず、条件が必要であることを示します。X の任意の点 p に収束する F の任意の点列 $\{p_n\}_{n\in\mathbb{N}}$ を取ってきます。このとき、任意の $\varepsilon > 0$ に対して $N_\varepsilon(p; X) \cap F \neq \emptyset$ となることは明らかです。したがって、仮定より $p \in F$ となり条件が必要であることが示されました。

次に条件が十分であることを示します。$\forall \varepsilon > 0 \quad N_\varepsilon(p; X) \cap F \neq \emptyset$ となる点 $p \in X$ を任意に取ってきます。このとき、任意の $n \in \mathbb{N}$ に対して、$N_{\frac{1}{n}}(p; X) \cap F \neq \emptyset$ なのでこの近傍の中から $p_n \in F$ となる点を選ぶことができます。

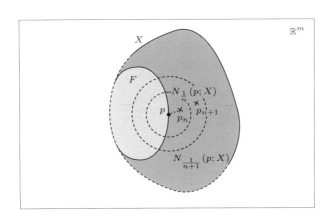

このようにして F の点列 $\{p_n\}_{n\in\mathbb{N}}$ を決めることができますが、$d(p_n, p) < \dfrac{1}{n}$ より $\lim\limits_{n\to\infty} p_n = p$ となりますので、仮定より $p \in F$ が示され、条件が十分であることが分かりました。よって、証明が完了します。 □

G が X で閉ではないということは、

$$\sim(\forall p \in X \ \ ((\forall \varepsilon > 0 \ \ N_\varepsilon(p; X) \cap G \neq \varnothing) \to p \in G))$$
$$\equiv \exists p \in X \ \ \sim((\forall \varepsilon > 0 \ \ N_\varepsilon(p; X) \cap G \neq \varnothing) \to p \in G)$$
$$\equiv \exists p \in X \ \ \sim(\sim(\forall \varepsilon > 0 \ \ N_\varepsilon(p; X) \cap G \neq \varnothing) \text{ または } p \in G)$$
$$\equiv \exists p \in X \ \ (\forall \varepsilon > 0 \ \ N_\varepsilon(p; X) \cap G \neq \varnothing) \text{ かつ } p \notin G$$
$$\equiv \exists p \in X - G \ \ (\forall \varepsilon > 0 \ \ N_\varepsilon(p; X) \cap G \neq \varnothing)$$

が成り立つことです。この否定も相当複雑ですね。解釈すると、G 以外の X の点でその任意の近傍と G との交わりが常に空でないものが存在するということです。あるいは、定理 4.2.2 を用いて、閉集合でないことを表すと

$$\sim \Big(\forall \{p_n\}_{n\in\mathbb{N}} \ (p_n \in G) \ \ \Big(\exists \lim_{n\to\infty} p_n \in X \to \lim_{n\to\infty} p_n \in G \Big) \Big)$$
$$\equiv \exists \{p_n\}_{n\in\mathbb{N}} \ (p_n \in G) \ \ \Big(\exists \lim_{n\to\infty} p_n \in X \text{ かつ } \lim_{n\to\infty} p_n \notin G \Big)$$

が成り立つということになりますが、これは G 以外の X のある点に収束する G 内の点列が存在するということです。

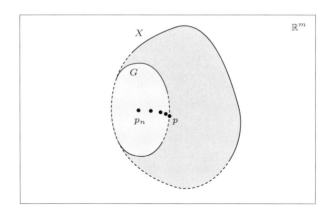

★ 4.2.2 閉集合の例

いくつかの例を見てみましょう。

例 4.2.3 次は閉集合の例です。

(1) $X \subset \mathbb{R}^m$ のとき、任意の点 $x \in X$ に対して、$\{x\}$ は部分空間 X で閉である。

(2) 閉区間 $[-1, 1]$ は $\mathbb{R}$ で閉である。

(3) 円板 $D^2 = \{(x, y) \mid x^2 + y^2 \leq 1\}$ は $\mathbb{R}^2$ 内で閉である。

解説 まず、(1) について解説します。$\{x\}$ 内の任意の点列 $\{p_n\}$ を取ってくると、任意の $n \in \mathbb{N}$ に対して、$p_n = x$ なので $\lim_{n \to \infty} p_n = x$ です。したがって、$\{x\}$ は X で閉です。

次に、(2) について解説します。背理法を用いることにします。$[-1, 1]$ は閉でないと仮定して、$p \in \mathbb{R}$ と $[-1, 1]$ 内の点列 $\{p_n\}$ が存在して $\lim_{n \to \infty} p_n = p \notin [-1, 1]$ を満たすとします。

このとき、$p < -1$ または $p > 1$ ですが、いずれの場合も $\varepsilon > 0$ を十分小さく取れば、$(-\varepsilon + p, \varepsilon + p) \not\subset [-1, 1]$ となるようにすることができます。具体的に ε をどのように取ればこのようになるのかは読者が考えてみてください。このとき、任意の $n \in \mathbb{N}$ に対して、$p_n \notin (-\varepsilon + p, \varepsilon + p)$ となりますが、これは $p_n \not\to p$ を意味します。矛盾を得て結論が証明されました。

最後に、(3) について解説します。同じく背理法を用います。D^2 内の点列 $\{p_n\}$ と点 $p \in \mathbb{R}^2$ が存在して $\lim_{n \to \infty} p_n = p \notin D^2$ を満たすとします (次ページ上の図を参照)。

このとき、$0 < \varepsilon < d(O, p) - 1$ (ここで d は $\mathbb{R}^2$ の距離) となる ε を取ると、任意の $n \in \mathbb{N}$ に対して、

$$d(p_n, p) \geq d(O, p) - d(O, p_n) > d(O, p) - 1 > \varepsilon.$$

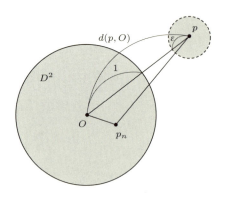

これは任意の $n \in \mathbb{N}$ に対して $p_n \notin N_\varepsilon(p; \mathbb{R}^2)$ を意味し、したがって $p_n \not\to p$ $(n \to \infty)$ を得ます。しかし、これは矛盾ですので、結論が証明されました。
□

次は、閉であるかないかはその集合をどこで考えるかによるという例です。

例 4.2.4 (1) $(-1, 1]$ はユークリッド空間 $\mathbb{R}$ では閉ではありませんが、その部分空間 $(-1, \infty)$ では閉です。

(2) $D' = \{(x, y) \mid x^2 + y^2 \leq 1\} - \{(-1, 0)\}$ はユークリッド空間 $\mathbb{R}^2$ では閉ではありませんが、その部分空間 $\{(x, y) \mid x > -1\}$ では閉です。

解説 まず、(1) について解説します。$(-1, 1]$ 内の点列 $p_n = -1 + \dfrac{1}{n}$ は $\displaystyle\lim_{n \to \infty} p_n = -1 \in \mathbb{R}$ を満たしますが、$-1 \notin (-1, 1]$ なので、$(-1, 1]$ は $\mathbb{R}$ の閉集合ではありません。

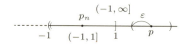

一方、$(-1, 1]$ 内の点列で $(-1, \infty)$ 内に極限値を持つものを考えます。それを $\{p_n\}$、$\displaystyle\lim_{n \to \infty} p_n = p$ とします。$p \notin (-1, 1]$ であると仮定してみると、$p > 1$ となります。このとき、例 4.2.3 (2) における証明と同様にして、矛盾を得ま

す。したがって、$p \in (-1, 1]$ となり、$(-1, 1]$ は $(-1, \infty)$ で閉集合です。

次に、(2) について解説します。D' 内の点列 $p_n = \left(-1 + \dfrac{1}{n}, 0\right)$ は $\displaystyle\lim_{n \to \infty} p_n = (-1, 0)$ を満たしますが、$(-1, 0) \notin D'$ なので、D' は $\mathbb{R}^2$ で閉ではありません。

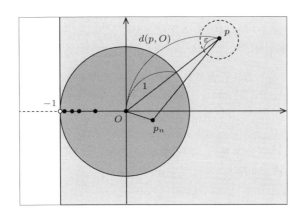

一方、D' 内の点列で $\{(x, y) \mid x > 0\}$ 内に極限点を持つものを考えます。それを $\{p_n\}$, $\displaystyle\lim_{n \to \infty} p_n = p = (p_1, p_2)$ とします。$p \notin D'$ と仮定すると、$p_1^2 + p_2^2 > 1$, $p_1 > -1$ となりますが、例 4.2.3 (3) における証明と同様にして、矛盾を得ます。したがって、$p \in D'$ となり、D' は $\{(x, y) \mid x > -1\}$ で閉であることが分かります。　□

★ 4.2.3　閉集合の基本定理

次の定理は開集合の基本性質である定理 4.1.12 に対応する閉集合の基本性質です。

定理 4.2.5 (閉集合の基本性質)　ユークリッド空間の部分空間 X の閉集合は次のような性質を持つ。

(1) $\varnothing, X$ は X で閉である。

(2) F_1, F_2 が X で閉であれば、$F_1 \cup F_2$ も X で閉である。

(3) 集合族 $\{F_\lambda\}_{\lambda \in \Lambda}$ に対して、F_λ が X で閉ならば、$\displaystyle\bigcap_{\lambda \in \Lambda} F_\lambda$ も X で閉である。

証明 まず、(1) を示しましょう。命題

$$\forall \{p_n\}_{n\in\mathbb{N}} \ (p_n \in \varnothing) \ \left(\exists \lim_{n\to\infty} p_n \in X \to \lim_{n\to\infty} p_n \in \varnothing\right)$$
$$\equiv \forall \{p_n\}_{n\in\mathbb{N}} \ \left(\left(p_n \in \varnothing \ \ \text{かつ} \ \ \exists \lim_{n\to\infty} p_n \in X\right) \to \lim_{n\to\infty} p_n \in \varnothing\right)$$

は $p_n \in \varnothing$ となる p_n は存在しないので、真です。したがって、$\varnothing$ は X で閉となります。次に、

$$\forall \{p_n\}_{n\in\mathbb{N}} \ (p_n \in X) \ \left(\exists \lim_{n\to\infty} p_n \in X \to \lim_{n\to\infty} p_n \in X\right)$$

が真であることは明白です。したがって、X は X で閉となります。

次に、(2) を示しましょう。$F_1 \cup F_2$ 内の任意の点列 $\{p_n\}_{n\in\mathbb{N}}$ 取ったとき、$p \in X$ に収束するとします。このとき、F_1 か F_2 の内少なくともどちらか一方がこの点列の項を無限個含むはずです。以後、F_1 だとして議論を展開しますが、F_2 であるとしても議論の内容は変わりません。$p_{n_1}, p_{n_2}, \cdots, p_{n_k}, \cdots$ が F_1 に含まれていると考えることにします。このとき、$\{p_{n_k}\}_{k\in\mathbb{N}}$ は $\{p_n\}_{n\in\mathbb{N}}$ の部分列で $p = \lim_{n\to\infty} p_n = \lim_{k\to\infty} p_{n_k}$ となることを思い出してください。仮定により F_1 は X で閉ですから、$p \in F_1$ となります。したがって、$p \in F_1 \cup F_2$ ですので、$F_1 \cup F_2$ は X で閉です。

最後に、(3) を示しましょう。$\bigcap_{\lambda\in\Lambda} F_\lambda$ 内の任意の点列 $\{p_n\}_{n\in\mathbb{N}}$ を取ったとき、$p \in X$ に収束するとします。このとき、すべての $\lambda \in \Lambda$、すべての $n \in \mathbb{N}$ に対して、$p_n \in F_\lambda$ です。仮定より、すべての $\lambda \in \Lambda$ に対して、F_λ は X で閉ですので $p \in F_\lambda$ となります。したがって、$p \in \bigcap_{\lambda\in\Lambda} F_\lambda$ となり、$\bigcap_{\lambda\in\Lambda} F_\lambda$ は X で閉であることが分かります。 □

開集合のときと同様に、定理の中の 3 つの性質は閉集合を特徴付ける性質であることを覚えておいてください。

定理 4.2.5 の (2) から、任意有限個の閉集合の共通部分はまた閉集合になることが示されます。

問題 4.2.6 任意有限個の閉集合の共通部分はまた閉集合になることを示しなさい。

しかし、無限個の閉集合の和は閉集合になるとは限りません。

例 4.2.7 (1) $(-1,1] = \bigcup_{x \in (-1,1]} \{x\}$ となります。任意の $x \in (-1,1]$ に対して $\{x\}$ は $\mathbb{R}$ で閉ですが $(-1,1]$ は $\mathbb{R}$ で閉ではありません。

(2) 任意の自然数 n に対して、閉円板 $D_n = \left\{(x,y) \mid x^2 + y^2 \leq 1 - \dfrac{1}{n}\right\} \subset \mathbb{R}^2$ を考えます。このとき、
$$\bigcup_{n \in \mathbb{N}} D_n = \{(x,y) \mid x^2 + y^2 < 1\} = N_1((0,0);\mathbb{R}^2)$$
となりますが、これは $\mathbb{R}^2$ の閉集合 D_n ($n \in \mathbb{N}$) の和は閉集合にならないことを示しています。

問題 4.2.8 上の例の (2) を示しなさい。

開集合のときと同様に、$X \subset \mathbb{R}^m$ のとき、$F \subset X$ が部分空間 X で閉であることは $\mathbb{R}^m$ の閉集合を用いて特徴付けることができます。

定理 4.2.9 F が X で閉であることの必要十分条件は $\mathbb{R}^m$ の閉集合 $\tilde{F}$ が存在して、$\tilde{F} \cap X = F$ となることである。

証明 まず条件の十分性を示しましょう。F 内の点列 $\{p_n\}$ で X 内の点に収束するものを任意に選びます。そうすると仮定より任意の $n \in \mathbb{N}$ に対して、$p_n \in \tilde{F} \cap X$ となります。$\tilde{F}$ は $\mathbb{R}^m$ で閉ですから、$\lim_{n \to \infty} p_n \in \tilde{F}$ となりますが、$\lim_{n \to \infty} p_n \in X$ ですので、$\lim_{n \to \infty} p_n \in \tilde{F} \cap X = F$ を得ます。したがって、条件の十分性が示されました。

次に、条件の必要性を示します。次のような $\mathbb{R}^m$ の部分集合を考えます。
$$\tilde{F} := \{p \mid \forall \varepsilon > 0 \quad N_\varepsilon(p;\mathbb{R}^m) \cap F \neq \emptyset\}$$
($\tilde{F}$ は後の節で定義される F の $\mathbb{R}^m$ における「閉包」に他なりません。) $F \subset \tilde{F}$ となることに注意してください。$\tilde{F}$ が $\mathbb{R}^m$ の閉集合であることを示します。$\tilde{F}$ 内の点列 $\{q_n\}$ を任意に取り、$\mathbb{R}^m$ 内の点 q に収束するとします。この

とき、$\tilde{F}$ の作り方から任意の $n \in \mathbb{N}$ に対して、$N_{\frac{1}{n}}(q_n; \mathbb{R}^m) \cap F \neq \varnothing$ なので、$N_{\frac{1}{n}}(q_n; \mathbb{R}^m) \cap F$ から 1 点を選んでそれを r_n として点列 $\{r_n\}_{n \in \mathbb{N}}$ を得ます。

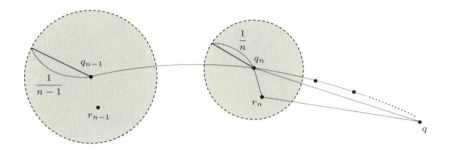

$\lim_{n \to \infty} q_n = q$ なので、任意に $\varepsilon > 0$ が与えられたとき、

$$\exists N' \in \mathbb{N} \quad \forall n \geq N' \quad d(q_n, q) < \frac{\varepsilon}{2}$$

となりますが、一方、3 角不等式より

$$d(r_n, q) \leq d(r_n, q_n) + d(q_n, q) < \frac{1}{n} + \frac{\varepsilon}{2}$$

となるので、$\max\left\{N', \frac{2}{\varepsilon}\right\}$ 以上の自然数 N を取ると (アルキメデスの原理)

$$\forall n \geq N \quad d(r_n, q) < \frac{\varepsilon}{2} + \frac{\varepsilon}{2} = \varepsilon$$

となり $\lim_{n \to \infty} r_n = q$ を得ます。点 q は F 内の点列 $\{r_n\}$ の収束点になっていることが分かりましたので、$q \in F$ となります。先に注意したように、$F \subset \tilde{F}$ なので、$q \in \tilde{F}$ が示されました。したがって、$\tilde{F}$ は $\mathbb{R}^m$ の閉集合ということが示されました。

最後に、$\tilde{F} \cap X = F$ を示しましょう。まず、$\tilde{F} \supset F$ より $\tilde{F} \cap X \supset F$ は明らかです。逆の包含関係を示しましょう。$\forall p \in \tilde{F} \cap X$ に対して、

$$p \in X \text{ かつ } \forall \varepsilon > 0 \quad N_\varepsilon(p; \mathbb{R}^m) \cap F \neq \varnothing$$

となりますが、$F \subset X$ なので、$N_\varepsilon(p; \mathbb{R}^m) \cap X = N_\varepsilon(p; X)$ を思い出せば、これは

$$p \in X \text{ かつ } \forall \varepsilon > 0 \quad N_\varepsilon(p; X) \cap F \neq \varnothing$$

を意味します。仮定より F は X で閉なので、$p \in F$、すなわち $\tilde{F} \cap X \subset F$ が成り立ちます。よって、証明が完了します。 □

系 4.2.10 $F \subset X \subset Y \subset \mathbb{R}^m$ のとき、F が部分空間 X で閉であるための必要十分条件は部分空間 Y の閉集合 $\tilde{F}$ が存在して、$\tilde{F} \cap X = F$ となることである。

この系の証明は読者にお任せします。

問題 4.2.11 上の系を示しなさい。

★ 4.2.4 閉集合の直積

$\mathbb{R}^2$ 内の境界を含む長方形は $\mathbb{R}^2$ で閉であることは閉集合の定義から直接示すことができるでしょう。このような長方形は $[a, b] \times [c, d]$ のように閉区間の直積で表すことができます。このような閉集合の直積が閉であることを判定する便利な方法があります。

定理 4.2.12 $X_1 \subset \mathbb{R}^m$, $X_2 \subset \mathbb{R}^n$ のとき、X_1, X_2 の部分集合 F_1, F_2 がそれぞれ部分空間 X_1, X_2 で閉であるとすると直積 $F_1 \times F_2$ は $\mathbb{R}^{m+n}$ の部分空間 $X_1 \times X_2$ で閉である。

証明 $F_1 \times F_2$ 内の任意の点列 (p_n, q_n) を取ります。そして、この点列が $X \times Y$ 内の点 (p, q) に収束するとします。このとき、定理 3.2.41 を用いて $\lim_{n \to \infty} p_n = p$, $\lim_{n \to \infty} q_n = q$ が分かるので仮定より $p \in F_1$, $q \in F_2$ となります。したがって、$(p, q) \in F_1 \times F_2$ となり結論を得ます。 □

● 4.3 開集合と閉集合の双対性

開集合と閉集合の間には次のような双対性があります。

定理 4.3.1 $A \subset X \subset \mathbb{R}^m$ のとき、A が部分空間 X で開集合であることと $X - A$ が部分空間 X で閉集合であることは同値である。

証明 まず、A が X で開であるとします。背理法を用いることにして、$X - A$ が X で閉ではないとします。このとき、$X - A$ 内のある収束点列 $\{p_n\}$ で、$\lim_{n \to \infty} p_n = p \notin X - A$ となるものが存在するはずです。$p \in A$ ですので、仮定より正の数 δ が存在して、$N_\delta(p; X) \subset A$ となります。したがって、$p_n \in X - A$ より $p_n \notin N_\delta(p; X)$ なので、$\lim_{n \to \infty} p_n \neq p$ であるはずですが、これは先ほどの仮定に矛盾します。よって、$X - A$ が X で閉集合であることが分かります。

次に、$X - A$ が X で閉であるとします。背理法を用いることにして、A が X で開ではないとします。このとき、ある点 $p \in A$ が存在して、いかなる $\varepsilon > 0$ に対しても、$N_\varepsilon(p; X) \not\subset A$ が成り立つはずです。したがって、任意の自然数 n に対して、$N_{\frac{1}{n}}(p; X) \cap (X - A) \neq \varnothing$ となります。ここで、$p_n \in N_{\frac{1}{n}}(p; X) \cap (X - A)$ なる点 p_n を 1 つ決めると、$X - A$ 内の点列 $\{p_n\}$ が取れますが、$p_n \in N_{\frac{1}{n}}(p; X)$ なので、$d(p_n, p) < \dfrac{1}{n}$ となります。したがって、$\lim_{n \to \infty} p_n = p \notin X - A$ となり、$X - A$ が X で閉であることに矛盾します。よって、A は X で開であることが分かります。 □

上の定理は閉集合と開集合は含まれる空間に対して双対的な概念であるということを示しています。開集合と閉集合を説明した節を比べてみると、互いによく似た結果が出てくることに気がつきます。例えば、定理 4.1.12 と定理 4.2.5 のような結果がそれです。これらは、開集合と閉集合の双対性を使うと片方からもう一方が簡単に証明できます。

例 4.3.2 定理 4.3.1 を用いて、定理 4.1.12 (開集合の基本性質) と定理 4.2.5 (閉集合の基本性質) は同値であることを示すことができます。

解説 まず、定理 4.1.12 から定理 4.2.5 を導きましょう。定理 4.3.1 と同じ状況で考えることにします。

(1) $\varnothing = X - X$, $X = X - \varnothing$ で、定理 4.1.12 (1) より $\varnothing$, X は X の開集

合なので、定理 4.3.1 より $\emptyset$, X は X の閉集合であることが分かります。

(2) X の閉集合 F_1, F_2 が与えられたとき、定理 4.3.1 より $X - F_1$, $X - F_2$ は X の開集合です。したがって、定理 4.1.12 (2) より $(X - F_1) \cap (X - F_2)$ は X で開ですが、ド・モルガンの定理より $(X - F_1) \cap (X - F_2) = X - (F_1 \cup F_2)$ ですので、定理 4.1.12 (2) と定理 4.3.1 より $F_1 \cup F_2$ は X で閉であることが分かります。

(3) 閉集合族 $\{F_\lambda\}_{\lambda \in \Lambda}$ が与えられたとき、ド・モルガンの定理を用いて

$$X - \bigcap_{\lambda \in \Lambda} F_\lambda = \bigcup_{\lambda \in \Lambda} (X - F_\lambda)$$

となるので、定理 4.1.12 (3) と定理 4.3.1 から、$\bigcap_{\lambda \in \Lambda} F_\lambda$ は X で閉であることが分かります。

次に、定理 4.2.5 から定理 4.1.12 を導きましょう。

(1) $\emptyset = X - X$, $X = X - \emptyset$ で、定理 4.2.5 (1) より $\emptyset$, X は X の閉集合なので、定理 4.3.1 より $\emptyset$, X は X の開集合であることが分かります。

(2) X の開集合 O_1, O_2 が与えられたとき、定理 4.3.1 より $X - O_1$, $X - O_2$ は X の閉集合です。したがって、定理 4.2.5 (2) より $(X - O_1) \cup (X - O_2)$ は X で閉ですが、$(X - O_1) \cup (X - O_2) = X - (O_1 \cap O_2)$ ですので、定理 4.2.5 (2) と定理 4.3.1 より $O_1 \cap O_2$ は X で開であることが分かります。

(3) 開集合族 $\{O_\lambda\}_{\lambda \in \Lambda}$ が与えられたとき、

$$X - \bigcup_{\lambda \in \Lambda} O_\lambda = \bigcap_{\lambda \in \Lambda} (X - O_\lambda)$$

となるので、定理 4.2.5 (3) と定理 4.3.1 から、$\bigcup_{\lambda \in \Lambda} O_\lambda$ は X で開であることが分かります。 □

問題 4.3.3 定理 4.1.16 と定理 4.2.9 は同値であることを定理 4.3.1 を用いて示しなさい。

問題 4.3.4 定理 4.1.19 と定理 4.2.12 は同値であることを定理 4.3.1 を用いて

示しなさい。

4.4 閉包

次は位相を議論する上で、開集合や閉集合と並んで重要な概念である「閉包」を導入します。

★ 4.4.1 閉包の定義

$A \subset X \subset \mathbb{R}^m$ のとき、集合 A に対して、部分空間 X の中で次のような集合を考えます。

定義 4.4.1 任意の正数 ε に対して、$N_\varepsilon(x;X) \cap A \neq \varnothing$ を満たす点 $x \in X$ を X における A の**触点** (adherent point) といい、A の触点の全体を A の部分空間 X における**閉包** (closure of A in X) という。記号で、$Cl_X(A)$ と書く。つまり、

$$Cl_X(A) = \{p \mid p \in X \text{ かつ } (\forall \varepsilon > 0 \quad N_\varepsilon(p;X) \cap A \neq \varnothing)\}.$$

含まれている部分空間が明らかなときには、簡単に $\overline{A}$ と書くこともある。

上の定義で A の点が A 自身の触点であることは明らかなので、$A \subset \overline{A}$ となります。また、この定義より、$Cl_X(\varnothing) = \varnothing$, $Cl_X(X) = X$ となることが直ちに分かりますので、考えてみてください。

問題 4.4.2 閉包は点列を使って次のように定義できることを示しなさい。

$$Cl_X(A) = \left\{p \,\middle|\, \exists \{p_n\}_{n \in \mathbb{N}} \left(p_n \in A \text{ かつ } p = \lim_{n \to \infty} p_n \in X\right)\right\}.$$

開集合や閉集合と同様に、集合の閉包を取るときにどの部分空間で考えるかは大事です。含まれる部分空間と閉包の関係を記述する定理があります。

定理 4.4.3 $A \subset X \subset Y \subset \mathbb{R}^m$ のとき、$Cl_X(A) = Cl_Y(A) \cap X$。

証明 仮定より、$A \subset X$ なので、任意の $\varepsilon > 0$ に対して
$$N_\varepsilon(p; Y) \cap A = (N_\varepsilon(p; Y) \cap A) \cap X = N_\varepsilon(p; X) \cap A.$$
したがって、
$$N_\varepsilon(p; X) \cap A \neq \varnothing \Leftrightarrow N_\varepsilon(p; Y) \cap A \neq \varnothing$$
となります。この関係を用いて、

$\forall p \in \mathbb{R}^m \quad (\quad p \in Cl_Y(A) \cap X$
$\leftrightarrow p \in Cl_Y(A)$ かつ $p \in X$
$\leftrightarrow (p \in Y$ かつ $(\forall \varepsilon > 0 \quad N_\varepsilon(p; Y) \cap A \neq \varnothing))$ かつ $p \in X$
$\leftrightarrow p \in X$ かつ $(\forall \varepsilon > 0 \quad N_\varepsilon(p; X) \cap A \neq \varnothing))$
$\leftrightarrow p \in Cl_X(A) \qquad\qquad\qquad\qquad\qquad)$

が成立することが分かります。よって、結論を得ます。 □

定義 4.4.4 任意の正数 ε に対して、
$$(N_\varepsilon(p; X) - \{p\}) \cap A \neq \varnothing$$
を満たす点 $p \in X$ を X における A の**集積点** (accumulation point) という。

定義から明らかなように集積点と触点は異なる概念です。例えば、整数全体の集合 $\mathbb{Z}$ 内の原点 O は $\mathbb{R}$ における $\mathbb{Z}$ の触点ですが集積点ではありません。

問題 4.4.5 A の X における閉包 $Cl_X(A)$ は A の点と A の X における集積点全体の和であることを示しなさい。

★ 4.4.2 閉包の例

例 4.4.6 $\mathbb{R}$ の部分集合の閉包の例を見てみましょう。

(1) $\overline{(0, 1)} = [0, 1]$

(2) $\overline{\left\{x \mid x = \dfrac{1}{n} \; (n \in \mathbb{N})\right\}} = \{0\} \cup \left\{x \mid x = \dfrac{1}{n} \; (n \in \mathbb{N})\right\}$

解説 まず、(1) について解説します。$A = (0,1)$ と置きます。このとき、A 以外の点では $0, 1$ のみが A の触点になることを示せば十分です。任意の $\varepsilon > 0$ に対して、$0 < \varepsilon' < \min\{\varepsilon, 1\}$ となる ε' を取ると、$\varepsilon' \in N_\varepsilon(0, \mathbb{R}) \cap (0,1) \neq \emptyset$, $1 - \varepsilon' \in N_\varepsilon(1, \mathbb{R}) \cap (0,1) \neq \emptyset$ なので、$0, 1$ が A の触点であることが分かります。また、$x < 0$, $x > 1$ を満たす点 x については x を中心とする半径が十分小さな近傍が A と交わらないことは明らかです。したがって、$\overline{A} = \{0\} \cup \{1\} \cup A$ すなわち、$\overline{(0,1)} = [0,1]$ が示されました。

次に、(2) について解説します。$B = \left\{x \mid x = \dfrac{1}{n} \; (n \in \mathbb{N})\right\}$ と置いて話を進めます。B の点はもちろん B の触点です。アルキメデスの原理から

$$\forall \varepsilon > 0 \quad \exists n \in \mathbb{N} \quad \dfrac{1}{n} \in N_\varepsilon(0; \mathbb{R})$$

が成り立ちますので、0 は B の触点です。それ以外の点は B の触点でないことは明らかでしょう。

したがって、$\overline{B} = \{0\} \cup B$ となります。また、0 は B の集積点ですが B の点は全て B の集積点ではありません。 □

例 4.4.7 次の例では、それぞれ閉包は $\mathbb{R}$, $\mathbb{R}^2$ で考えるものとします。

(1) $\overline{\mathbb{Q}} = \mathbb{R}$
(2) $\overline{N_1(O, \mathbb{R}^2)} = \{(x,y) \mid x^2 + y^2 \leq 1\}$
(3) 第 3.2 節の例 3.1.19 (3) の中の集合 X の一部 X_2 を考えます。
このとき、$\overline{X_2} = X$ となります。

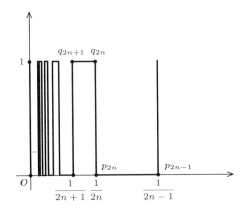

解説 まず、(1) について解説します。これは $\mathbb{Q}$ の $\mathbb{R}$ における稠密性 (注意 3.2.16)) そのものです。つまり、$\mathbb{R}$ の任意に与えられた点の勝手な近傍には必ず有理点が入るという性質です。この性質から、任意の実数は $\mathbb{Q}$ の $\mathbb{R}$ における触点であることが示されます。したがって、$\overline{\mathbb{Q}} = \mathbb{R}$ です。

(2) について解説します。$S^1 = \{(x,y) \mid x^2 + y^2 = 1\}$ が平面における $N_1(O; \mathbb{R}^2)$ の集積点のすべてであることを示せば十分です。S^1 の点が $N_1(O; \mathbb{R}^2)$ の集積点であることは下図を見れば理解できます。

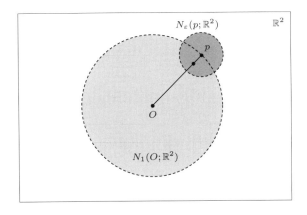

S^1 以外の点が $N_1(O; \mathbb{R}^2)$ の集積点ではないことは明らかでしょう。詳細は読者に委ねます。

最後に (3) を解説します。この例は X_1 の点のみが X_2 の集積点であることを示せば十分です。X_1 の点の近傍は例 3.1.19 (3) で示されたようになっているので、これらの近傍が X_2 の点を含むのは明らかでしょう。また、X 以外の点が X の触点でないことも明らかです。よって、$\overline{X_2} = X$ が示されました。

□

★ 4.4.3 閉包に関する定理

閉包に関して有用な性質を挙げておきましょう。

補題 4.4.8 $Cl_X(A)$ は A を含む X の閉集合である。

この補題の証明は、定理 4.2.9 の証明の中で $\tilde{F}$ が $\mathbb{R}^m$ で閉であることを示したのとほぼ同じやり方です。

問題 4.4.9 補題 4.4.8 を証明しなさい。

閉包は閉集合によって次のように特徴づけられます。

補題 4.4.10
$$Cl_X(A) = \bigcap_{j \in J} F_j$$
ただし、$\{F_j\}_{j \in J}$ は A を含む X における閉集合の全体からなる族である。

この補題より、$Cl_X(A)$ は A を含む最小の X における閉集合であることが分かります。つまり、$A \subset F$ かつ F が X の閉集合ならば $Cl_X(A) \subset F$ となるということです。

証明 定理 4.4.8 から、$Cl_X(A)$ は A を含む X における閉集合ですから、$\bigcap_{j \in J} F_j \subset Cl_X(A)$ です。

次に、$Cl_X(A) \subset \bigcap_{j \in J} F_j$ となることを背理法で証明します。ある $b \in$

$Cl_X(A)$ に対して、$b \notin \bigcap_{j \in J} F_j$ とすると、$\exists j \; b \notin F_j$、すなわち $b \in X - F_j$ となります。$X - F_j$ は X において開なので、$\exists \delta > 0 \; N_\delta(b; X) \subset X - F_j$、すなわち $N_\delta(b; X) \cap F_j = \emptyset$ となります。$A \subset F_j$ なので、$N_\delta(b; X) \cap A = \emptyset$ ですが、これは仮定に矛盾します。したがって、定理が示されました。 □

閉包は次のような性質を持ちます。

定理 4.4.11 部分空間 X の部分集合に対して
 (1) A が閉集合のときのみ $\overline{A} = A$ である。
 (2) $A \subset B$ ならば、$\overline{A} \subset \overline{B}$ である。
 (3) $\overline{\overline{A}} = \overline{A}$ である。
 (4) $\overline{A \cup B} = \overline{A} \cup \overline{B}$ である。一般に、$\overline{\bigcup_{\lambda \in \Lambda} A_\lambda} \supset \bigcup_{\lambda \in \Lambda} \overline{A_\lambda}$ である。
 (5) $\overline{A \cap B} \subset \overline{A} \cap \overline{B}$ である。一般に、$\overline{\bigcap_{\lambda \in \Lambda} A_\lambda} \subset \bigcap_{\lambda \in \Lambda} \overline{A_\lambda}$ である。

証明 まず、(1) から証明しましょう。$A \subset \overline{A}$ は常に成立します。A を閉集合とすると、補題 4.4.10 から $\overline{A} \subset A$ なので、$\overline{A} = A$ となります。次に、$A = \overline{A}$ とすると、同じく補題 4.4.10 から A が X の閉集合であることが分かります。

次に、(2) を証明しましょう。$B \subset \overline{B}$ なので、$A \subset \overline{B}$ となりますが、補題 4.4.8 から $\overline{B}$ は X の閉集合ですから補題 4.4.10 を用いると $\overline{A} \subset \overline{B}$ が分かります。

次は、(3) の証明です。補題 4.4.8 から $\overline{A}$ が X の閉集合ですから (1) により $\overline{\overline{A}} = \overline{A}$ となります。

次に、(4) の証明です。$A、B \subset A \cup B$ なので、(2) より $\overline{A}, \overline{B} \subset \overline{A \cup B}$ です。したがって、$\overline{A} \cup \overline{B} \subset \overline{A \cup B}$ です。一方、$A \cup B \subset \overline{A} \cup \overline{B}$ から (2) より $\overline{A \cup B} \subset \overline{\overline{A} \cup \overline{B}}$ です。$\overline{A} \cup \overline{B}$ は補題 4.4.8 より X の閉集合ですから (1) より $\overline{\overline{A} \cup \overline{B}} = \overline{A} \cup \overline{B}$ となり結果を得ます。一般には、$A_\lambda \subset \bigcup_{\lambda \in \Lambda} A_\lambda$ なので、(2) より $\overline{A_\lambda} \subset \overline{\bigcup_{\lambda \in \Lambda} A_\lambda}$、したがって $\bigcup_{\lambda \in \Lambda} \overline{A_\lambda} \subset \overline{\bigcup_{\lambda \in \Lambda} A_\lambda}$ が成立します。

最後の (5) の証明は演習問題とします。 □

問題 4.4.12 上の定理 4.4.11 において、

(1) (5) を証明しなさい。

(2) $\bigcup_{\lambda \in \Lambda} \overline{A_\lambda} \neq \overline{\bigcup_{\lambda \in \Lambda} A_\lambda}$ となる例を挙げなさい。

(3) $\overline{A \cap B} \neq \overline{A} \cap \overline{B}$ となる例を挙げなさい。

● 4.5 連続写像と開集合、閉集合

X, Y をそれぞれユークリッド空間 $\mathbb{R}^m, \mathbb{R}^n$ 内の部分空間とするとき、連続写像 $f: X \longrightarrow Y$ を開 (閉) 集合を用いて特徴付けて、様々な性質を開 (閉) 集合で表現することを目指します。

★ 4.5.1 連続写像と開集合

まず、連続写像を開集合を用いて特徴付けます。

定理 4.5.1 f が連続であるための必要十分条件は Y の任意に与えられた開集合 O に対して、$f^{-1}(O)$ が X の開集合になることである。

証明 まず、条件が必要であることを示しましょう。Y の開集合 O を任意に取ってきます。このとき、$f^{-1}(O)$ の任意の点 p を取ると、$f(p) \in O$ となりますので、$\exists \varepsilon > 0 \quad N_\varepsilon(f(p); Y) \subset O$ が成立します。一方、仮定より f は点 p で連続なので

$$\exists \delta > 0 \quad f(N_\delta(p; X)) \subset N_\varepsilon(f(p); Y).$$

したがって、

$$N_\delta(p; X) \subset f^{-1}(f(N_\delta(p; X))) \subset f^{-1}(N_\varepsilon(f(p); Y)) \subset f^{-1}(O).$$

最初の包含関係は定理 2.2.14 から導かれます。上の包含関係は $f^{-1}(O)$ が X 内で開であることを示しています。

次に、条件の十分性について示しましょう。X 内の任意に与えられた点 p と勝手な正の数 ε に対して、近傍 $N_\varepsilon(f(p); Y)$ は Y 内で開となりますので、仮定より $f^{-1}(N_\varepsilon(f(p); Y))$ は X 内で開です。したがって、

$$\exists \delta > 0 \quad N_\delta(p; X) \subset f^{-1}(N_\varepsilon(f(p); Y))$$

$$f(N_\delta(p; X)) \subset f(f^{-1}(N_\varepsilon(f(p); Y))) \subset N_\varepsilon(f(p); Y)$$

最後の包含関係は定理 2.2.14 から導かれます。よって、f は p で連続です。
□

定理 4.5.1 を用いて 3.2.4 節に掲げた定理を簡単に示すことができます。

証明 (定理 3.2.22 の別証) $f : X \longrightarrow Y$ が連続であるとします。$f(X)$ の任意に与えられた開集合 O に対して、定理 4.1.16 より Y の開集合 $\tilde{O}$ が存在して $O = \tilde{O} \cap f(X)$ となります。このとき、$f^{-1}(O) = f^{-1}(\tilde{O} \cap f(X)) = f^{-1}(\tilde{O})$ は X 内で開であることが分かります。したがって、定理 4.5.1 より $f : X \longrightarrow f(X)$ は連続です。

次に、$f : X \longrightarrow f(X)$ が連続であるとします。Y の任意に与えられた開集合 O に対して、定理 4.1.16 より $O \cap f(X)$ は $f(X)$ 内で開になります。このとき、$f^{-1}(O) = f^{-1}(O \cap f(X))$ なので、この集合は X 内で開となり定理 4.5.1 より $f : X \longrightarrow Y$ の連続性が証明されます。
□

証明 (定理 3.2.23 の別証) W の任意の開集合 O を選ぶと、g の連続性より $g^{-1}(O)$ は Z 内で開となります。このとき、$g^{-1}(O) \cap f(X)$ は $f(X)$ 内で開ですから f の連続性により $f^{-1}((g^{-1}(O)) \cap f(X)) = f^{-1}((g^{-1}(O)))$ は X 内で開となります。
□

問題 4.5.2 定理 3.2.29 の十分性の証明を定理 4.5.1 を用いてしなさい。

系 4.5.3 $X \subset \mathbb{R}^m$ のとき、$f : X \longrightarrow \mathbb{R}$ が連続であるとします。このとき、$\{x \in X \mid f(x) < 0\}$ は X 内で開である。

この系を用いると今まで挙げた様々な集合が開集合になることの別証明を得ることができます。例えば、

例 4.5.4 $\mathbb{R}^m$ の近傍 $N_\varepsilon(p; \mathbb{R}^m)$ は

$$N_\varepsilon(p; \mathbb{R}^m) = \{(x_1, \cdots, x_m) \mid x_1^2 + \cdots + x_m^2 - \varepsilon^2 < 0\}$$

となることから、$\mathbb{R}^m$ で開であることが直ちに分かります。

証明 (系 4.5.3 の証明) $f : X \longrightarrow \mathbb{R}$, $f(x) = d(x, p) - \varepsilon$ を考えます。ここで、d は X を含むユークリッド空間 $\mathbb{R}^m$ の距離です。例 3.2.12 で示したように、f は連続ですから、$f^{-1}((-\infty, 0))$ は X で開です。ところで、

$$f^{-1}((-\infty, 0)) = \{x \mid d(x, p) - \varepsilon < 0 \text{ かつ } x \in X\} = N_\varepsilon(p; X)$$

ですので、結果を得ます。 □

問題 4.5.5 系 4.5.3 を用いて $\mathbb{R}^m$ の開いた長方形 $\{(x_1, \cdots, x_m) \mid a_i < x_i < b_i \ (i = 1, \cdots, m)\}$ は $\mathbb{R}^m$ で開であることを示しなさい。

定理 4.5.1 を用いて具体的な写像の連続性を示してみましょう。

例 4.5.6 (1) $X \subset Y \subset \mathbb{R}^m$ に対して、包含写像 $\iota : X \longrightarrow Y$, $\iota(x) = x$ は連続です。

(2) $X \subset \mathbb{R}^m$, $Y \subset \mathbb{R}^n$ のとき、射影 $\pi : X \times Y \longrightarrow Y$ は連続です。

(3) 写像 $f : \mathbb{R} \longrightarrow \mathbb{R}$, $f(x) = x^2$ は連続です。

解説 (1) Y の任意の開集合 O に対して、$\iota^{-1}(O) = X \cap O$ です。定理 4.1.16 からこの集合は X の開集合ですから、$\iota^{-1}(O)$ は X 内で開です。したがって、ι は連続写像です。

(2) Y の任意の開集合 O に対して、$\pi^{-1}(O) = X \times O$ です。定理 4.1.19 からこの集合は $X \times Y$ で開ですので、$\pi^{-1}(O)$ は $X \times Y$ 内で開です。したがって、π は連続写像です。

(3) 問題 4.1.5 を見ると $\mathbb{R}$ の任意の開集合 O は開区間の和で表すことができます。例えば、$O = \bigcup_{\lambda \in \Lambda} (a_\lambda, b_\lambda)$ のように表現されているとします。このとき、

4.5 連続写像と開集合、閉集合

$$f^{-1}(O) = \bigcup_{\lambda \in \Lambda} f^{-1}((a_\lambda, b_\lambda))$$

となります。ここで、区間 (a_λ, b_λ) の f による逆像の可能性は 3 つあり次のいずれかです。

$$f^{-1}((a_\lambda, b_\lambda)) = \begin{cases} (-\sqrt{b_\lambda}, -\sqrt{a_\lambda}) \cup (\sqrt{a_\lambda}, \sqrt{b_\lambda}) \\ (-\sqrt{b_\lambda}, \sqrt{b_\lambda}) \\ \varnothing \end{cases}$$

何れにしても $f^{-1}((a_\lambda, b_\lambda))$ は $\mathbb{R}$ で開ですので、それらの和として $f^{-1}(O)$ は $\mathbb{R}$ で開になります。したがって、f は連続です。 □

定理 4.5.1 から、写像 $f : X \longrightarrow Y$ が連続でないということは、

Y の開集合 O が存在して $f^{-1}(O)$ が Y の開集合でない

ということです。このことを用いて次の例を説明してみましょう。

例 4.5.7 (1) 写像 $f : \mathbb{R} \longrightarrow \mathbb{R}$ を次のように定義します。

$$f(x) = \begin{cases} 1 & (x \geq 0) \\ 0 & (x < 0) \end{cases}$$

このとき、f は不連続です。

(2) 写像 $f : \mathbb{R}^2 \longrightarrow \mathbb{R}$ を次のように定義します。

$$f(x, y) = \begin{cases} 1 & ((x, y) \in \mathbb{Q}^2) \\ 0 & ((x, y) \in \mathbb{R}^2 - \mathbb{Q}^2) \end{cases}$$

このとき、f は不連続です。

(3) 写像 $f : \mathbb{R} \longrightarrow \mathbb{R}$ を次のように定義します。

$$f(x) = \begin{cases} \sin \dfrac{1}{x} & (x \neq 0) \\ 0 & (x = 0) \end{cases}$$

この写像のグラフは例 3.2.18 に示した通りです。写像 f は原点で不連続です。

解説 (1) $\mathbb{R}$ の開集合 $(0,2)$ に対して、$f^{-1}((0,2)) = [0,\infty)$ は $\mathbb{R}$ の開集合ではないので、定理 4.5.1 より f の不連続性が示されたことになります。

(2) $\mathbb{R}$ の開集合 $(0,2)$ に対して、$f^{-1}((0,2)) = \mathbb{Q}^2$ は $\mathbb{R}^2$ の開集合ではないので、定理 4.5.1 より f の不連続性が示されたことになります。

(3) $\mathbb{R}$ の開集合 $(-1,1)$ の f による逆像を考えます。
$$f^{-1}((-1,1)) = \mathbb{R} - \left\{ x \,\middle|\, \sin\frac{1}{x} = \pm 1 \right\}$$
$$= \mathbb{R} - \left\{ x \,\middle|\, x = \frac{2}{(2n+1)\pi} \ (n \in \mathbb{Z}) \right\}$$

この集合は原点を含みますが、$\dfrac{2}{(2n+1)\pi} \to 0 \ (n \to \pm\infty)$ ですので、原点のいかなる半径の近傍もこの集合に含まれることはありません。

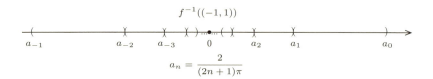

したがって、$f^{-1}((-1,1))$ は $\mathbb{R}$ の開集合ではなく、定理 4.5.1 より f は連続ではありません。 □

★ 4.5.2 連続写像と閉集合

閉集合を用いて連続写像を特徴付けてみましょう。X, Y をそれぞれユークリッド空間 $\mathbb{R}^m, \mathbb{R}^n$ の部分空間とするとき、連続写像 $f: X \longrightarrow Y$ を考えます。

定理 4.5.8 f が連続であるための必要十分条件は任意に与えられた Y の閉集合 F に対して、$f^{-1}(F)$ が X の閉集合になることである。

証明 条件の必要性を示しましょう。任意に与えられた Y の閉集合 F を

取ってきます。このとき、X 内の任意の点 p に $f^{-1}(F)$ 内の点列 $\{p_n\}$ が収束するとします。$q_n = f(p_n)$ とすると、$\{q_n\}$ は F 内の点列で、f が連続なので $q_n = f(p_n) \to f(p)$ $(n \to \infty)$ となります。F は Y 内で閉ですから $f(p) \in F$、すなわち $p \in f^{-1}(F)$ となります。したがって、$f^{-1}(F)$ は閉集合です。

次に、条件の十分性を示しましょう。X 内の任意の点 p に収束する X 内の点列 $\{p_n\}$ を取ってきます。このとき任意の $\varepsilon > 0$ に対して、$Y - N_\varepsilon(f(p); Y)$ は Y 内で閉ですので、仮定より $f^{-1}(Y - N_\varepsilon(f(p); Y)) = X - f^{-1}(N_\varepsilon(f(p); Y))$ は X 内で閉です。したがって、$f^{-1}(N_\varepsilon(f(p); Y))$ は X 内で開となります。$p \in f^{-1}(N_\varepsilon(f(p); Y))$ なので、ある $\delta > 0$ が存在して、$N_\delta(p; X) \subset f^{-1}(N_\varepsilon(f(p); Y))$ となります。一方、$p_n \to p$ なので、ある $N \in \mathbb{N}$ が存在して、任意の n $(n \geq N)$ に対して $p_n \in N_\delta(p; X)$ となります。したがって、

$$f(p_n) \in f(N_\delta(p; X)) \subset f(f^{-1}(N_\varepsilon(f(p); Y))) \subset N_\varepsilon(f(p); Y)$$

となり、$f(p_n) \to f(p)$ $(n \to \infty)$ が示されました。 □

定理 4.5.1 を用いて 3.2.4 節の定理 3.2.22, 3.2.23 を示しましたが、これらの定理は上の定理 4.5.8 を用いて同様に証明することができます。

系 4.5.9 X が $\mathbb{R}^m$ の部分空間のとき、$f : X \longrightarrow \mathbb{R}$ が連続であるとします。このとき、次の 2 つの集合は X 内で閉である。

$$\{x \mid f(x) \leq 0 \ (x \in X)\}, \quad \{x \mid f(x) = 0 \ (x \in X)\}$$

証明

$$\{x \mid f(x) \leq 0 \ (x \in X)\} = f^{-1}((-\infty, 0])$$
$$\{x \mid f(x) = 0 \ (x \in X)\} = f^{-1}(\{0\})$$

より、定理 4.5.8 を用いて結論を得ます。 □

問題 4.5.10 系 4.5.9 を用いて、n 次元単位球面

$$S^n = \{(x_1, \cdots, x_{n+1}) \mid x_1^2 + \cdots + x_{n+1}^2 = 1 \ ((x_1, \cdots, x_{n+1}) \in \mathbb{R}^{n+1})\}$$

は $\mathbb{R}^{n+1}$ で閉であることを示しなさい。

問題 4.5.11 開集合と閉集合の双対性定理 4.3.1 を用いて、定理 4.5.1 から定理 4.5.8 を、またその逆を導きなさい。

問題 4.5.12 定理 4.5.8 を用いて例 4.5.6 と例 4.5.7 を示しなさい。

● 4.6 コンパクト

この節ではユークリッド空間の部分集合の非常に重要な性質である「コンパクト」について説明します。

★ 4.6.1　コンパクトの定義

ユークリッド空間の部分集合がコンパクトであることの定義をしましょう。この概念の定義はユークリッド空間の場合は普通、点列を用いて行われますが、ここでは開集合を用いてコンパクトを定義しましょう。

定義 4.6.1 K が $\mathbb{R}^m$ の部分集合のとき、K が**コンパクト** (compact) であるとは、次の命題

$$\forall \{O_\lambda\}_{\lambda \in \Lambda} \ (\{O_\lambda\}_{\lambda \in \Lambda} : \mathbb{R}^m \text{ における } K \text{ の開被覆})$$

$$\exists \Lambda_0 \subset \Lambda \ (\Lambda_0 : \text{有限集合}) \quad K \subset \bigcup_{\lambda \in \Lambda_0} O_\lambda$$

が成立することである。ただし、$\{O_\lambda\}_{\lambda \in \Lambda}$ が $\mathbb{R}^m$ における K の**開被覆** (open cover) であるとは、次の 2 つの条件が満たされることである。

(1) O_λ がユークリッド空間 $\mathbb{R}^m$ の開集合である。

(2) $K \subset \bigcup_{\lambda \in \Lambda} O_\lambda$.

上の定義を要約すると、K がコンパクトであるとは、K のユークリッド空間 $\mathbb{R}^m$ における任意の開被覆に対して、いつでもその中から有限個の K の開被覆が選べることをいうのです。

例 4.6.2 $\{a\} \subset \mathbb{R}^m$ のとき、$\{a\}$ はコンパクトです。

解説 $\{a\}$ の $\mathbb{R}^m$ における任意の開被覆 $\{O_\lambda\}_{\lambda \in \Lambda}$ を取ります。このとき、$\exists \lambda_0 \in \Lambda \ \ a \in O_{\lambda_0}$ となります。したがって、$\{a\} \subset O_{\lambda_0}$ となり、$\{a\}$ がコンパクトであることが示されました。定義の中の記号を用いると、$\Lambda_0 = \{\lambda_0\}$ となることに注意してください。 □

問題 4.6.3 $\mathbb{R}^m$ の有限部分集合 $\{a_1, \cdots, a_k\}$ はコンパクトであることを示しなさい。

コンパクト集合 K が $K \subset X \subset \mathbb{R}^m$ を満たすとき、K のコンパクト性を部分空間 X の開集合を用いて表現することができます。

定理 4.6.4 K がコンパクトであるための必要十分条件は、命題

$$\forall \{O_\lambda\}_{\lambda \in \Lambda} \ (\{O_\lambda\}_{\lambda \in \Lambda} : \underline{X \text{ における } K \text{ の開被覆}})$$

$$\exists \Lambda_0 \subset \Lambda \ (\Lambda_0 : \text{ 有限集合}) \quad K \subset \bigcup_{\lambda \in \Lambda_0} O_\lambda$$

が成立することである。ただし、$\{O_\lambda\}_{\lambda \in \Lambda}$ が部分空間 X における K の開被覆であるとは、O_λ が X の開集合で、なおかつ $K \subset \bigcup_{\lambda \in \Lambda} O_\lambda$ が満たされることである。

証明 条件の必要性を示しましょう。K の任意の X における開被覆 $\{O_\lambda\}_{\lambda \in \Lambda}$ に対して、定理 4.1.16 より

$$\forall \lambda \in \Lambda \quad \exists \tilde{O}_\lambda \quad \tilde{O}_\lambda : \mathbb{R}^m \text{ で開 かつ } O_\lambda = \tilde{O}_\lambda \cap X$$

となります。このとき、$K \subset \bigcup_{\lambda \in \Lambda} O_\lambda \subset \bigcup_{\lambda \in \Lambda} \tilde{O}_\lambda$ なので、K のコンパクト性から Λ の有限部分集合 Λ_0 が存在して、

$$K \subset \bigcup_{\lambda \in \Lambda_0} \tilde{O}_\lambda$$

となりますが、両辺の集合と X との共通部分を取ると

$$K = K \cap X \subset \bigcup_{\lambda \in \Lambda_0} (\tilde{O}_\lambda \cap X) = \bigcup_{\lambda \in \Lambda_0} O_\lambda$$

となり、結論を得ます。

次に条件の十分性を示しましょう。K の $\mathbb{R}^m$ における開被覆 $\{\tilde{O}_\lambda\}_{\lambda \in \Lambda}$ を取ってきます。このとき、$O_\lambda = \tilde{O}_\lambda \cap X$ と置くと $\{O_\lambda\}_{\lambda \in \Lambda}$ は X における K の開被覆になります。仮定より、Λ の有限部分集合 Λ_0 が存在して、

$$K \subset \bigcup_{\lambda \in \Lambda_0} O_\lambda = \bigcup_{\lambda \in \Lambda_0} (\tilde{O}_\lambda \cap X) \subset \bigcup_{\lambda \in \Lambda_0} \tilde{O}_\lambda$$

となり、結論を得ます。 □

この定理から、K のコンパクト性はそれが含まれる部分空間の開集合の性質として述べることができますが、その定義より含まれる部分空間に依存しないということが分かります。つまり、コンパクトという性質はその集合に本来備わっている性質 (内在的性質) であることを意味しています。これは、開集合や閉集合が含まれる空間による相対的な性質であることと比較すると特筆すべき性質であるということができます。

★ 4.6.2 コンパクトの否定

ここで、コンパクトの否定を押さえておきましょう。$C \subset \mathbb{R}^m$ がコンパクトではないというのは、命題

$$\exists \{O_\lambda\}_{\lambda \in \Lambda} \, (\{O_\lambda\}_{\lambda \in \Lambda}: \mathbb{R}^m \text{ における } C \text{ の開被覆})$$

$$\forall \Lambda_0 \subset \Lambda \, (\Lambda_0: \text{有限集合}) \, C \not\subset \bigcup_{\lambda \in \Lambda_0} O_\lambda$$

が成り立つことです。これは、$\mathbb{R}^m$ における C の開被覆 $\{O_\lambda\}_{\lambda \in \Lambda}$ が存在して、どんな Λ の有限部分集合 Λ_0 を取っても $C \not\subset \bigcup_{\lambda \in \Lambda_0} O_\lambda$ という意味です。

いくつか例を見てみましょう。

例 4.6.5 $(-1, 1)$ はコンパクトではありません。

解説 $O_n = \left(-1 + \dfrac{1}{n}, 1 - \dfrac{1}{n}\right)$ とおくと、これは $\mathbb{R}$ における開集合です。しかも、$(-1, 1) = \bigcup_{n \in \mathbb{N}} O_n$ となります。つまり、$\{O_n\}_{n \in \mathbb{N}}$ は $(-1, 1)$ の $\mathbb{R}$ における開被覆です。この中から任意に有限個の開集合 $O_{n_1}, \cdots, O_{n_k}$ ($n_i < n_{i+1}$) を選んで和を取ると $O_{n_1} \cup \cdots \cup O_{n_k} = O_{n_k}$ となります。しかし、$(-1, 1) \not\subset O_{n_k} = \left(-1 + \dfrac{1}{n_k}, 1 - \dfrac{1}{n_k}\right)$ なので、結果が示せました。 □

例 4.6.6 $C = \{(x, y) \mid x^2 + y^2 \leq 1\} - \{(1, 0)\}$ はコンパクトではありません。

解説 任意の自然数 n に対して $\mathbb{R}^2$ の開集合
$$O_n = \mathbb{R}^2 - \left\{(x, y) \,\Big|\, (x-1)^2 + y^2 \leq \dfrac{1}{n}\right\}$$
を考えます。

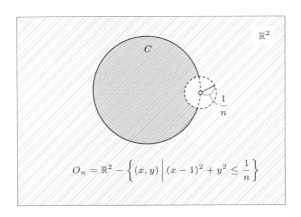

このとき、$\{O_n\}_{n \in \mathbb{N}}$ は C の $\mathbb{R}^2$ における開被覆になります。なぜなら、任意の $p \in C$ に対して、$d(p, (1, 0)) > 0$ なので、十分大きな自然数 N をとると、$d(p, (1, 0)) > \dfrac{1}{N}$ となり $p \in O_N$ となるからです。この開被覆の中から任意有限個の開集合 $O_{n_1}, \cdots, O_{n_k}$ ($n_i < n_{i+1}$) を選ぶと $O_{n_1} \subset \cdots \subset O_{n_k}$ なので、$O_{n_1} \cup \cdots \cup O_{n_k} = O_{n_k} \not\supset C$ となり、結論を得ます。 □

第 4 章　ユークリッド空間の位相

問題 4.6.7　(1) $\mathbb{R}^m$ 内の開球 $\{(x_1, \cdots, x_m) \mid x_1^2 + \cdots + x_m^2 < 1\}$ はコンパクトではないことを示しなさい。

(2) $\left\{1, \dfrac{1}{2}, \cdots, \dfrac{1}{n}, \cdots\right\}$ はコンパクトではないことを示しなさい。

例 4.6.8　$[0, +\infty)$ はコンパクトではありません。

解説　その理由を説明しましょう。任意の自然数に対して $O_n = (-1, n)$ とおくと、$\{O_n\}_{n \in \mathbb{N}}$ は $\mathbb{R}$ における $[0, +\infty)$ の開被覆になります。この開被覆の中から任意に有限個の開集合 $O_{n_1}, \cdots, O_{n_k}$ $(n_i < n_{i+1})$ を選ぶと $O_{n_i} \subset O_{n_{i+1}}$ なので、$O_{n_1} \cup \cdots \cup O_{n_k} = O_{n_k} \not\supset [0, +\infty)$ となり結論を得ます。　□

問題 4.6.9　$\mathbb{R}^m$ はコンパクトではないことを示しなさい。

★ 4.6.3　コンパクト性に関する種々の定理

次に、コンパクトの別の表現方法について考えてみます。

定理 4.6.10　$K \subset \mathbb{R}^m$ とするとき、次の主張は同値である。

(1) K はコンパクトである。

(2) K は $\mathbb{R}^m$ において有界閉集合である。

(3) K 内の任意の点列 $\{p_n\}_{n \in \mathbb{N}}$ は K の点に収束する部分列を含む。

ここで、K が有界であるとは、$\exists R \,(> 0)\ \ K \subset N_R(O; \mathbb{R}^m)$ となることである。

まず、(1) と (2) が同値であることを示しましょう。最初に (1) から (2) を導きます。

補題 4.6.11　コンパクト集合 K は $\mathbb{R}^m$ で有界閉集合である。

証明　K の $\mathbb{R}^m$ における開被覆として $\{O_n\}_{n \in \mathbb{N}}$ $(O_n = N_n(O; \mathbb{R}^m))$ を考えます。K はコンパクトですから有限被覆 $O_{n_1}, \cdots, O_{n_k}$ $(n_1 < \cdots < n_k)$ で

覆われます。このとき、$K \subset O_{n_1} \cup \cdots \cup O_{n_k} = O_{n_k}$ となり K が有界であることが分かります。

次に背理法によって K が閉集合であることを示しましょう。閉集合でないとすると、

$$\exists p \in \mathbb{R}^m - K \quad \forall \varepsilon > 0 \quad N_\varepsilon(p; \mathbb{R}^m) \cap K \neq \varnothing \tag{4.1}$$

となります。ここで、

$$U_n = \mathbb{R}^m - Cl_{\mathbb{R}^m}(N_{\frac{1}{n}}(p; \mathbb{R}^m)) = \left\{ x \,\middle|\, d(x,p) > \frac{1}{n} \right\}$$

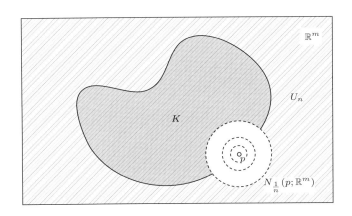

とすると、

$$K \subset \mathbb{R}^m - \{p\} \subset \bigcup_{n \in \mathbb{N}} U_n$$

となるので、$\{U_n\}_{n \in \mathbb{N}}$ は K の $\mathbb{R}^m$ における開被覆になります。K のコンパクト性より、この中から有限個の開被覆 $U_{n_1}, \cdots, U_{n_k}$ ($n_1 < \cdots < n_k$) を選んで K を覆うことができます。

$$K \subset U_{n_1} \cup \cdots \cup U_{n_k} = U_{n_k}$$

しかし、(4.1) より U_{n_k} に含まれない K の点が存在しますので、これは不合理です。したがって、K は $\mathbb{R}^m$ で閉であることが示されました。　□

次に (2) から (1) を導くことを目指します。そのため次の補題を準備します。

補題 4.6.12 任意の $a > 0$ に対して、$I = [-a, a]$ とする。このとき、任意の自然数 n に対して、n 次元正方形 $I^n = I \times \cdots \times I$ はコンパクトである。

証明 $n = 2$ のときの証明を与えることにします。一般の場合も本質的には同様に証明できます。背理法を用いて証明することにして、I^2 はコンパクトではないと仮定します。そのとき、I^2 の $\mathbb{R}^2$ における開被覆 $\{O_\lambda\}_{\lambda \in \Lambda}$ が存在して、Λ のどのような有限部分集合 Λ_0 に対しても $I^2 \not\subset \bigcup_{\lambda \in \Lambda_0} O_\lambda$ となります。

今、$I_0 = I^2$ とおいて、I_0 を座標軸に平行な直線で、次の図のように 4 等分し網目を作ります。

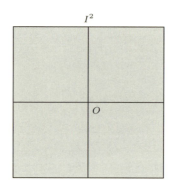

この網の目を第 1 分割網と呼ぶことにしましょう。この第 1 分割網で正方形 I^2 は 4 つの小正方形に分割されますが、この中の少なくとも 1 つは、Λ のどのような有限部分集合 Λ_0 に対しても $\bigcup_{\lambda \in \Lambda_0} O_\lambda$ で覆われることはありません。なぜなら、このような性質を持つ小正方形がないとすると、もともとの正方形が $\{O_\lambda\}$ の中の有限個の開集合で覆われてしまうことになって仮定に反するからです。このような性質を持つ小正方形の 1 つを I_1 とおくことにします。

次に、I_1 を同じように座標軸に平行な直線で分割して 4 つの小正方形の網目に分け第 2 分割網を作ります。そうすると、前の議論と同じようにして、この網目を構成する小正方形の中に I_0, I_1 と同じように Λ のどのような有限部分集

合 Λ_0 に対しても $\bigcup_{\lambda \in \Lambda_0} O_\lambda$ で覆われない小正方形 I_2 が存在することが分かります。

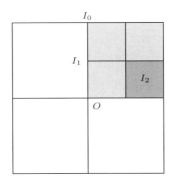

この分割を続けて行くと、帰納的な議論によって、$I_0, I_1, \cdots, I_{n-1}$ と同じ性質をもつ第 n 分割網の小正方形 I_n の存在が分かります。この操作を無限に続けると、Λ のどのような有限部分集合 Λ_0 に対しても $\bigcup_{\lambda \in \Lambda_0} O_\lambda$ で覆われない小正方形の無限列 $\{I_n\}_{n \in \mathbb{N}}$ を得ます。このとき、$I_0 \supset I_1 \supset \cdots \supset I_n \supset \cdots$ となっていることに注意してください。

さて、$I_n = [a_n, b_n] \times [c_n, d_n]$ とすると、$[a_{n+1}, b_{n+1}] \subset [a_n, b_n]$, $[c_{n+1}, d_{n+1}] \subset [c_n, d_n]$ ですから

$$a_0 \leq a_1 \leq \cdots \leq a_n \cdots \leq b_n \leq \cdots \leq b_1 \leq b_0$$
$$c_0 \leq c_1 \leq \cdots \leq c_n \cdots \leq d_n \leq \cdots \leq d_1 \leq d_0$$

となります。$\{a_n\}$ と $\{c_n\}$ は上に有界な単調増加数列、$\{b_n\}$ と $\{d_n\}$ は下に有界な単調減少数列なのです。したがって、定理 3.2.39 より、これらの数列は収束します。$\lim_{n \to \infty} a_n = \alpha$, $\lim_{n \to \infty} b_n = \beta$, $\lim_{n \to \infty} c_n = \gamma$, $\lim_{n \to \infty} d_n = \delta$ とおくことにします。さらに、$b_n - a_n = \frac{a}{2^n}$, $d_n - c_n = \frac{a}{2^n}$ なので、$\alpha = \beta$, $\gamma = \delta$ が得られます。ここで、$p = (\alpha, \gamma)$ とおくと、全ての $n \in \mathbb{N} \cup \{0\}$ に対して、$a_n \leq \alpha \leq b_n$, $c_n \leq \gamma \leq d_n$ なので、$p \in I_n$ となることが分かります。

$\{O_\lambda\}$ は I の開被覆ですから $p \in \bigcup_\lambda O_\lambda$ です。したがって、$\exists \lambda \ p \in O_\lambda$ とな

りますが、O_λ は $\mathbb{R}^m$ の開集合ですので、$\exists r > 0 \quad N_r(p; \mathbb{R}^m) \subset O_\lambda$ が成り立ちます。このとき、<u>I_n の対角線の長さが r より短くなるほど大きな n を選ぶと $I_n \subset N_r(p; R^m) \subset O_\lambda$ となります</u>（この事実は、$m = 2, 3$ のときは下の図などから直感的に明らかに見えますが、m が 4 以上になるとそれほど明らかではありません。下の注意 4.6.13 を参照してください）。

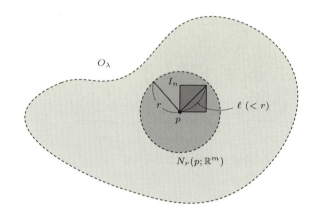

これは、I_n は開被覆 $\{O_\lambda\}_{\lambda \in \Lambda}$ のいかなる有限被覆でも覆えないという仮定に反します。よって、最初の仮定の否定、すなわち $I_0 = I^2$ が開被覆 $\{O_\lambda\}_{\lambda \in \Lambda}$ のある有限被覆で覆えることが証明されました。したがって、I^2 はコンパクトです。 □

注意 4.6.13 証明中の下線を引いた部分の主張を説明します。I^n の任意の 2 点 $x = (x_1, \cdots, x_m)$, $y = (y_1, \cdots, y_m)$ に対して、I_n の一辺の長さを e、対角線の長さを ℓ とすると、

$$d(x, y) = \sqrt{\sum_{i=1}^{m}(x_i - y_i)^2} \leq \sqrt{m}e = \ell < r$$

なので、$I_n \subset N_r(p; \mathbb{R}^m)$ を得ます。

補題 4.6.14 コンパクトな集合 $K \subset \mathbb{R}^m$ の閉部分集合 $F \subset K$ はコンパクトである。

ここで、K は $\mathbb{R}^m$ で閉ですから、F は部分空間 K, $\mathbb{R}^m$ のどちらで閉と考えても良いことに注意してください。

証明　F の $\mathbb{R}^m$ における任意の開被覆 $\{O_\lambda\}$ を取ります。この開被覆に $\mathbb{R}^m$ の開集合 $\mathbb{R}^m - F$ を 1 つ付け加えて新たな開被覆を作ると、それは K の開被覆になります。

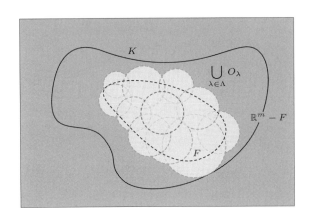

K のコンパクト性から K は新たな開被覆の有限個で覆われるはずなので、それらを $O_{\lambda_1}, \cdots, O_{\lambda_k}, \mathbb{R}^m - F$ とします ($\mathbb{R}^m - F$ は必要ない場合もありますが、常に付け加えておいて差し支えありません)。つまり

$$K \subset O_{\lambda_1} \cup \cdots \cup O_{\lambda_k} \cup (\mathbb{R}^m - F).$$

$F \subset K$ なので、上の包含関係から $F \subset O_{\lambda_1} \cup \cdots \cup O_{\lambda_k}$ が導かれます。したがって、F はコンパクトです。　□

準備が整ったので、いよいよ (2) から (1) を導きます。

証明 (定理 4.6.10 の (2)→(1))　K は有界なので、$\exists R > 0$　$K \subset N_R(O; \mathbb{R}^m)$ となります。このとき、$I = [-R, R]$ とおくと、I^m は $N_R(O; \mathbb{R}^m)$ を含む m 次元正方形になります。

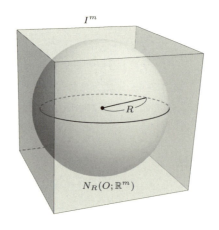

なぜなら、$(x_1, \cdots, x_m) \in N_R(O; \mathbb{R}^m)$ としたとき、不等式
$$|x_i| = d_1(x_i, 0) \leq d_n((x_1, \cdots, x_m), (0, \cdots, 0)) < R$$
が成り立つからです。したがって、$K \subset I^m$ となり、K は $\mathbb{R}^m$ の閉集合ですから、補題 4.6.12, 4.6.14 より K がコンパクトであることが分かります。 □

ここまでの議論で (1) と (2) の同値が示されました。(1) と (2) の同値を主張する命題はハイネ–ボレル (Heine–Borel) の被覆定理として知られています。

定理 4.6.15 (ハイネ–ボレルの被覆定理) 集合 $K \subset \mathbb{R}^m$ がコンパクトであるための必要十分条件は K が $\mathbb{R}^m$ で有界閉集合であることである。

次に、(1) から (3) を導きます。その前に、少し準備が必要です。次に挙げる定理はボルツァーノ–ワイエルシュトラス (Bolzano–Weierstrass) の定理として知られています。

定理 4.6.16 (ボルツァーノ–ワイエルシュトラスの定理) $\mathbb{R}^m$ 内の有界な点列は収束する部分列を持つ。

証明 $\mathbb{R}^m$ 内の有界な点列を $\{p_n\}_{n \in \mathbb{N}}$ とします。今 $A = \{p_1, \cdots, p_n, \cdots\}$

としたとき、まず A が有限集合になる場合を考えます。このとき、A のある元 p に対して、$\{p_n\}_{n\in\mathbb{N}}$ の部分列 $\{p_{n_k}\}_{k\in\mathbb{N}}$ で $p_{n_k} = p$ $(k = 1, 2, \cdots)$ となるものが存在します。明らかに、$\lim_{k\to\infty} p_{n_k} = p$ ですから、この場合は定理が成り立つことが分かります。

次に、A が無限集合のときを考えます。このとき、点 $p_0 \in \mathbb{R}^m$ で次のような条件を満たすものが存在したとします。

$$\forall \varepsilon > 0 \quad (N_\varepsilon(p_0, \mathbb{R}^m) - \{p_0\}) \cap A \neq \varnothing$$

この点は A の $\mathbb{R}^m$ における集積点であることが分かります。この仮定は A の $\mathbb{R}^m$ における集積点が存在するということです。任意の自然数 k に対して、$(N_{\frac{1}{k}}(p_0, \mathbb{R}^m) - \{p_0\}) \cap A \neq \varnothing$ ですから、この集合に属する点を 1 つ取ってきて p_{n_k} とします。$d(p_{n_k}, p_0) < \dfrac{1}{k}$ なので、$\lim_{k\to\infty} p_{n_k} = p_0$ となります。したがって、この場合定理が成立します。それでは A の $\mathbb{R}^m$ における集積点が存在しない場合はどうでしょうか。つまり、

$$\forall p \in \mathbb{R}^m \quad \exists \delta_p > 0 \quad (N_{\delta_p}(p; \mathbb{R}^m) - \{p\}) \cap A = \varnothing$$

となる場合です。このとき、$Cl_{\mathbb{R}^m}(A) = A$ となることに注意してください。つまり、A は $\mathbb{R}^m$ で閉ですから、仮定の有界性と合わせて有界閉集合ということになりハイネ–ボレルの被覆定理によってコンパクトです。さらに、$\{N_{\delta_p}(p; \mathbb{R}^m)\}_{p\in A}$ は A の $\mathbb{R}^m$ における開被覆ですから、この中に A の有限被覆が存在します。つまり、

$$A \subset N_{\delta_{p_1}}(p_1; \mathbb{R}^m) \cup \cdots \cup N_{\delta_{p_k}}(p_k; \mathbb{R}^m)$$

となるような A の有限個の点 $p_1, \cdots, p_k$ が存在します。しかし、$N_{\delta_{p_i}}(p_i; \mathbb{R}^m) \cap A = \{p_i\}$ ですから $A = \{p_1, \cdots, p_k\}$ となってしまい、A が無限集合であることに反します。

以上の議論より、点列 $\{p_n\}_{n\in\mathbb{N}}$ は収束部分列を持つことが示されました。

□

問題 4.6.17 上の定理の証明の中の $Cl_{\mathbb{R}^m}(A) = A$ の部分を示しなさい。

証明 ((2)→(3) の証明) K 内の点列 $\{p_n\}_{n\in\mathbb{N}}$ を任意に取ります。このとき、ボルツァーノ–ワイエルシュトラスの定理からこの点列は収束する部分列 $\{p_{n_k}\}$ を含みます。さらに、K は $\mathbb{R}^m$ で閉なので、$\lim_{k\to\infty} p_{n_k} \in K$ となり証明が終わります。 □

最後に (3) から (2) を導きましょう。

証明 ((3)→(2) の証明) (3) を仮定して、まず K が有界であることを示します。有界でないとして矛盾を導くことにします。有界でないので、任意の $n \in \mathbb{N}$ に対して、$d(p_n, O) > n$ となる K の点 p_n が存在します。このようにして作った点列 $\{p_n\}_{n\in\mathbb{N}}$ は収束する部分列を持たないことは明らかでしょう (収束する点列は有界になるからです)。したがって、仮定に反する結果を得ましたので背理法によって K は有界です。

K 内の収束点列 $\{p_n\}_{n\in\mathbb{N}}$ $\left(\lim_{n\to\infty} p_n = p\right)$ を取ってくると、仮定により、K の点 q に収束する部分列 $\{p_{n_k}\}_{k\in\mathbb{N}}$ を含むのですが、もともと $\{p_n\}_{n\in\mathbb{N}}$ 自身が収束しますので、$p = q$ となります。したがって、閉集合の定義より K は $\mathbb{R}^m$ で閉です。 □

ここまでの議論により、定理 4.6.10 が証明されました。次の結果はこの定理と定理 4.2.12 からすぐに導き出すことができます。

系 4.6.18 2 つのコンパクト集合 $K \subset \mathbb{R}^m$, $K' \subset \mathbb{R}^n$ の直積 $K \times K' \subset \mathbb{R}^{m+n}$ はまたコンパクトである。

定理 4.6.10 はユークリッド空間のある図形がコンパクトであるかないかを判定する 1 つの手段を与えます。

例 4.6.19 次の集合はコンパクトでしょうか？

(1) $S^n = \{(x_1, \cdots, x_{n+1}) \mid x_1^2 + \cdots + x_{n+1}^2 = 1\} \subset \mathbb{R}^{n+1}$

(2) $[-1, 1] \times \mathbb{R} \subset \mathbb{R}^2$

(3) $E = \{(x, y, z) \mid x^2 + 2y^2 + 3z^2 = 1\} \subset \mathbb{R}^3$

(4) $P = \{(x, y, z) \mid x^2 + y^2 - z^2 = 1\} \subset \mathbb{R}^3$

解説 (1) の例に関して、問題 4.5.10 で S^n が $\mathbb{R}^{n+1}$ で閉であることはすでに証明してあります。また、$S^n \subset N_2(O; \mathbb{R}^{n+1})$ なので有界です。つまり S^n は $\mathbb{R}^{n+1}$ の有界閉集合であることが分かりましたので、定理 4.6.10 よりコンパクトです。

(2) の例は、明らかに有界でありませんので、やはり定理 4.6.10 よりコンパクトではありません。

次に (3) の例ですが、$1 = x^2 + 2y^2 + 3z^2 > x^2 + y^2 + z^2$ より、$E \subset N_1(O; \mathbb{R}^3)$ となり E は有界です。また、$f : \mathbb{R}^2 \longrightarrow \mathbb{R}$, $f(x, y, z) = 2x^2 + 3y^2 + z^2 - 1$ とおくと、f は x, y, z の多項式ですので、連続です。したがって、$E = f^{-1}(\{0\})$ は $\mathbb{R}^3$ の閉集合です。よって、E は $\mathbb{R}^3$ の有界閉集合となりコンパクトです。

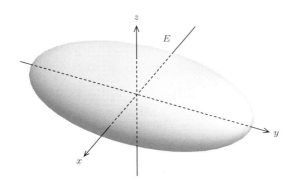

最後に、(4) の例ですが、(3) と同様にして P は $\mathbb{R}^3$ の閉集合であることは確かめられます。一方、任意の $n \in \mathbb{N}$ に対して、$p_n = (\sqrt{n^2 + 1}\cos\theta, \sqrt{n^2 + 1}\sin\theta, n)$ $(\theta \in [0, 2\pi))$ とおくと p_n は P 上の点であることが確かめられます。

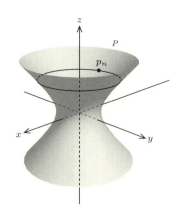

そして、$d(p_n, O) = 2n^2 + 1 \to \infty \ (n \to \infty)$ なので、P は有界ではないことが分かります。したがって、P はコンパクトではありません。 □

ここで、コンパクトに関する基本的な結果を 1 つ述べておきましょう。

定理 4.6.20

(1) コンパクト集合の族 $\{K_\lambda\}_{\lambda \in \Lambda}$ の共通部分 $\bigcap_{\lambda \in \Lambda} K_\lambda$ はコンパクトである。

(2) 有限個のコンパクト集合 $K_1, \cdots, K_n$ の和 $K_1 \cup \cdots \cup K_n$ はコンパクトである。

証明 まず、(1) の証明です。$K_\lambda \subset \mathbb{R}^m \ (\lambda \in \Lambda)$ とすると、定理 4.6.10 により、これらの集合は $\mathbb{R}^m$ の有界閉集合です。したがって、それらの共通部分も $\mathbb{R}^m$ の有界閉集合であり、定理 4.6.10 によりコンパクトです。

次に (2) の証明ですが、(1) と同じ議論により、$K_1 \cup \cdots \cup K_n$ はあるユークリッド空間の有界閉集合、したがってコンパクトであることが示されます。
□

問題 4.6.21 無限個のコンパクト集合の和は必ずしもコンパクトになりません。その例を挙げてください。

★ 4.6.4 連続写像とコンパクト集合

この節では、コンパクト部分空間上の連続写像について論じることにしましょう。K, Y をそれぞれ $\mathbb{R}^m$, $\mathbb{R}^n$ 内の部分空間とします。

定理 4.6.22 K がコンパクトならば、連続写像 $f: K \longrightarrow Y$ に対して、$f(K)$ はコンパクトである。つまり、コンパクト集合の連続写像による像はコンパクトである。

証明 $\mathbb{R}^n$ 内の任意の $f(K)$ の開被覆 $\{O_\lambda\}_{\lambda \in \Lambda}$ を与えます。このとき、f の連続性から $f^{-1}(O_\lambda)$ は $\mathbb{R}^m$ の開集合で、

$$K \subset f^{-1}(f(K)) \subset f^{-1}\left(\bigcup_{\lambda \in \Lambda} O_\lambda\right) = \bigcup_{\lambda \in \Lambda} f^{-1}(O_\lambda)$$

なので、$\{f^{-1}(O_\lambda)\}_{\lambda \in \Lambda}$ は $\mathbb{R}^m$ における K の開被覆です。K がコンパクトであることより

$$\exists \Lambda_0 \text{ (有限集合)} \quad K \subset \bigcup_{\lambda \in \Lambda_0} f^{-1}(O_\lambda).$$

したがって、

$$f(K) \subset f(\bigcup_{\lambda \in \Lambda_0} f^{-1}(O_\lambda)) = \bigcup_{\lambda \in \Lambda_0} f(f^{-1}(O_\lambda)) \subset \bigcup_{\lambda \in \Lambda_0} O_\lambda$$

よって、$f(K)$ はコンパクトです。 □

定理 4.6.23 X がコンパクトであるとき、全単射連続写像 $f: X \longrightarrow Y$ の逆写像 $f^{-1}: Y \longrightarrow X$ はまた連続である。

証明 X の任意の閉集合 F の f による像が Y の閉集合になることを示せば十分です。定理 4.6.14 により F はコンパクトです。したがって、定理 4.6.22 より、$f(F)$ もコンパクトです。さらに定理 4.6.15 より $f(F)$ は $\mathbb{R}^n$ の有界閉集合です。よって、定理が証明されました。 □

注意 4.6.24 上の定理で K がコンパクトという仮定は必須です。例えば、写像 $f : [0, 2\pi) \longrightarrow S^1$, $f(\theta) = (\cos\theta, \sin\theta)$ は全単射連続写像ですが、逆写像 $f^{-1} : S^1 \longrightarrow [0, 2\pi)$ は連続ではありません。

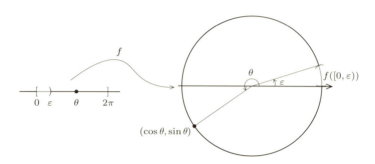

これは $[0, 1)$ の開集合 $[0, \varepsilon)$ (ε は十分小さい) が f で S^1 の開集合に写らないことから分かります。

例 4.6.25 写像 $f : [t, t+\varepsilon] \longrightarrow f([t, t+\varepsilon])$, $f(\theta) = (\cos\theta, \sin\theta)$ を考えます。ε が小さければこの写像は $\mathbb{R}$ 内の閉区間から円周 S^1 上の弧への全単射連続写像を与えます。

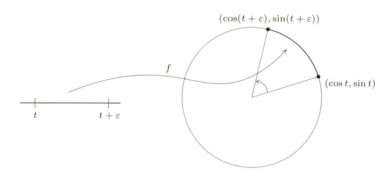

逆写像 f^{-1} の連続性を示すのに逆写像を直接計算するのは少々骨が折れます。しかし、定理 4.6.23 を使えば、$[t, t+\varepsilon]$ のコンパクト性より直ちに f^{-1} の連続性を導き出すことができます。

次に、コンパクト集合上で定義された実数値関数に関する最大・最小値の原理と呼ばれる基本的な定理を証明します。この定理を証明するためには少し準備が必要です。まず、$\mathbb{R}$ の部分集合の上限・下限について説明します。

定義 4.6.26 $\mathbb{R}$ の部分集合 A が

$$\exists M \in \mathbb{R} \quad \forall a \in A \quad a \leq M$$

を満たすとき、**上に有界** (upper bounded) であるという。このとき、M を A の**上界** (upper bound) という。

$$\exists m \in \mathbb{R} \quad \forall a \in A \quad m \leq a$$

を満たすとき、**下に有界** (lower bounded) であるという。このとき、m を A の**下界** (lower bound) という。A が上に有界で同時に下にも有界のとき、ただ単に**有界** (bounded) であるという。

A が上に有界のとき、A の上界は無数にあります。なぜなら、ある上界より大きな数は定義により全て上界になるからです。同様な理由で A が下に有界のときも下界は無数にあります。

問題 4.6.27 上の定義の有界性の定義は、定理 4.6.10 で与えた有界性の定義と同値であることを示してください。

次の定理は皆さんの中には当たり前だと感じる人もいるかもしれませんが、実数の本質に根ざす非常に重要な定理です。アルキメデスの原理と同様に実数の本質を議論しなければ証明には至りませんので、ここでは証明を与えることはしません。

定理 4.6.28 部分集合 $A \subset \mathbb{R}$ が上に有界のとき、上界の中に最小数が存在する。また、A が下に有界のとき、下界の中に最大数が存在する。

この定理は本質的に定理 3.2.39 と同値です。これらの定理は実数論の本質を議論して初めて証明できます。ここでは証明をすることができませんが、興味がある人は例えば [6], [11] などを参照すると良いでしょう。

定義 4.6.29 A が有界のとき、A の最小上界を**上限** (supremun) といい $\sup A$ と書く。そして、最大下界を**下限** (infimun) といい $\inf A$ と書く。これらの記号は A が上に有界、または下に有界のとき定義されるが、上下に有界でないことを表すのに便宜的にそれぞれ $\sup A = +\infty$, $\inf A = -\infty$ と書くことがある。

上限、下限の定義をもう少し丁寧に見ていきましょう。まず集合 $A \subset \mathbb{R}$ が上に有界のとき、その上限 $\sup A = M$ は「A の上界の中で最小のもの」と定義されますが、これは $M = \sup A$ が

(1) $\forall a \in A \quad a \leq M$

(2) $\forall \varepsilon > 0 \quad \exists a \in A \quad M - \varepsilon < a$

という 2 つの性質を持つということ同値です。(1) は M は A の上界の 1 つであると述べています。(2) は M よりも小さければその数はもはや A の上界ではないと主張しています。つまり、M は A の最小上界であると言っているのです。同様に、下限 $\inf A = m$ は次の性質を持つ数として特徴付けられます。

(1) $\forall a \in A \quad m \leq a$

(2) $\forall \varepsilon > 0 \quad \exists a \in A \quad a < m + \varepsilon$

注意 4.6.30 最大値、最小値と上限、下限は明確に区別される概念であることに注意してください。例えば、集合 $[0, 1)$ を考えたとき、この集合には明らかに最小値 0 がありますが、最大値はありません。1 はこの集合の上界ではありますが集合に属さないので最大値ではありませんが、最小の上界であることは間違いありません。したがって、$\sup[0, 1) = 1$ ということが分かります。同じように、$(0, 1]$ において、0 はこの集合の最小値ではありませんが、下限であることが分かります。

例 4.6.31 (1) 集合 $A = \left\{ x \,\middle|\, x = 1 - \dfrac{1}{n}, \ n = 1, 2, \cdots \right\} \subset \mathbb{R}$ に対して、$\sup A = 1$ となります。

(2) 集合 $B = \left\{ x \,\middle|\, x = -1 + \dfrac{1}{n}, \ n = 1, 2, \cdots \right\} \subset \mathbb{R}$ に対して、$\inf A = -1$ となります。

解説　まず (1) を説明します。任意の $n \in \mathbb{N}$ に対して、$1 - \dfrac{1}{n} < 1$ です。また、任意の $\varepsilon > 0$ に対して、アルキメデスの原理より $\exists N \in \mathbb{N}$　$\dfrac{1}{\varepsilon} < N$、すなわち $\dfrac{1}{N} < \varepsilon$ なので、$1 - \varepsilon < 1 - \dfrac{1}{N}$ となります。したがって、1 は A の上限であることが示されました。

(2) は読者の練習問題とします。　□

問題 4.6.32　次の問いに答えなさい。

(1) 上の例 (2) を示してください。

(2) 集合 $\mathbb{Q} \cap (-\sqrt{2}, \sqrt{3})$ の上限、下限を求めなさい。

(3) 集合 A, B に対して、

$$\sup\{a + b \mid a \in A, \, b \in B\} = \sup A + \sup B$$

$$\inf\{a + b \mid a \in A, \, b \in B\} = \inf A + \inf B$$

となることを示しなさい。

最後に、「最大・最小値の原理」を述べます。その前に補題を用意します。

補題 4.6.33　$\mathbb{R}$ のコンパクト集合 K には最大数と最小数が存在する。

証明　ハイネ–ボレルの被覆定理 4.6.15 から K は有界閉集合ですので、K の上限 $\sup K$ と下限 $\inf K$ が存在します。それぞれ M, m と置くことにします。上限、下限の性質から任意の $\varepsilon > 0$ に対して $N_\varepsilon(M; \mathbb{R}) \cap K \neq \emptyset$, $N_\varepsilon(m; \mathbb{R}) \cap K \neq \emptyset$ となることが直ぐ分かりますが、K が閉集合であることから $M \in K$, $m \in K$ となります。これで結論を得ます。　□

定理 4.6.34 (最大・最小値の原理)　$K \subset \mathbb{R}^m$ がコンパクト集合のとき、連続関数 $f: K \longrightarrow \mathbb{R}$ は K 内で最大値、最小値を持つ。

証明　定理 4.6.22 より、$f(K)$ はコンパクトなので定理 4.6.10 より $\mathbb{R}$ で有

界閉集合です。先の補題 4.6.33 より $f(K)$ は最大値と最小値を持ちます。ここで、$f(K)$ の最小値、最大値をそれぞれ m, M とします。このとき、$\exists a \in K \quad m = f(a), \exists b \in K \quad M = f(b)$ となります。これは定理を証明します。

□

問題 4.6.35 コンパクト集合 K 上の連続関数 $f : K \longrightarrow \mathbb{R}$ に対して、$f(x) > 0 \ (\forall x \in K)$ ならば、$\exists k > 0 \quad k \leq f(x) \ (\forall x \in K)$ となることを示しなさい。

● 4.7 連結性と弧状連結性

ユークリッド空間内の集合が「つながっているかどうか」を議論します。例えば、$\mathbb{R}$ 内の集合 $[0, 1]$ はつながっているといえるでしょう。また、集合 $[0, 1] \cup [2, 3]$ は明らかに離れていますね。このような状況を数学的に厳密に取り扱うことをこの節の目標とします。

★ 4.7.1 連結集合

つながっていることを表現する方法として「連結性」の概念があります。まず、この概念の定義をしましょう。

定義 4.7.1 $\mathbb{R}^m$ の部分集合 X が、$\mathbb{R}^m$ の開集合 O, P によって、空でなく交わりのない 2 つの部分に分けられるとき、分けられた 2 つの部分を X の**分離** (separation) という。すなわち、$A = X \cap O, B = X \cap P$ が、

(1) $A, B \neq \varnothing$,

(2) $A \cap B = \varnothing$,

(3) $A \cup B = X$

を満たすとき、A, B を X の分離というのである。

上の定義で開集合 O, P は交わりがあっても構わないことに注意してください。また、分離が存在するとき、それは唯一であるとは限りません。例えば、$X = [-2, -1] \cup [0, 1] \cup [2, 3]$ に対して、$A = [-2, -1] \cup [0, 1], B = [2, 3]$ と $A = [-2, -1], B = [0, 1] \cup [2, 3]$ はいずれも X の分離を与えます。

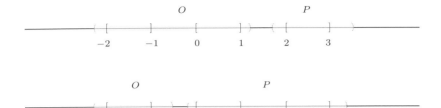

分離の定義の中の開集合は閉集合に置き換えても定義の内容は同等です。

定理 4.7.2 X が分離を持つための必要十分条件は $\mathbb{R}^m$ の閉集合 F, G が存在して $A = X \cap F$, $B = X \cap G$ とおいたとき

(1) $A, B \neq \varnothing$,

(2) $A \cap B = \varnothing$,

(3) $A \cup B = X$

が満たされることである。

証明 条件が十分であることを示します。今、$O = X - F$, $P = X - G$ とおくと、O, P は $\mathbb{R}^m$ の開集合で、
$$X \cap O = X \cap (X - F) = X - X \cap F = X - A = B$$
$$X \cap P = X \cap (X - G) = X - X \cap G = X - B = A$$
となるので、A, B は X の分離であることが示されました。

必要性の証明は練習問題とします。 □

問題 4.7.3 上で述べた定理の条件の必要性を証明しなさい。

X が部分空間 Y の部分集合のとき、X の分離を Y の開集合 (閉集合) を用いて表現することができます。

定理 4.7.4 A, B が X の分離であるための必要十分条件は、Y の 2 つの開集

合 O, P が存在して、$A = X \cap O$, $B = X \cap P$ が成り立つことである。また、条件の中で「開集合」を「閉集合」に替えても同じことが成り立つ。

証明 まず、「開集合」に関する定理を証明しましょう。$X \subset \mathbb{R}^m$ とします。まず、条件が必要であることを示します。仮定より、$\mathbb{R}^m$ の開集合 O, P が存在して、$A = O \cap X \neq \varnothing$, $B = P \cap X \neq \varnothing$, $A \cup B = X$, $A \cap B = \varnothing$ となります。このとき、$O' := O \cap Y$, $P' := P \cap Y$ と置くと、O', P' は Y の交わりのない空でない開集合で $A = O' \cap X$, $B = P' \cap X$ となることは明らかです。

次に、条件が十分であることを示しましょう。仮定より Y の開集合 O', P' が存在して、$A = O' \cap X \neq \varnothing$, $B = P' \cap X \neq \varnothing$, $A \cup B = X$, $A \cap B = \varnothing$ となります。このとき、$\mathbb{R}^m$ の開集合 O, P が存在して、$O' = O \cap Y$, $P' = P \cap Y$ となります。

$$X \cap O = (X \cap Y) \cap O = X \cap (Y \cap O) = X \cap O' = A$$
$$X \cap P = (X \cap Y) \cap P = X \cap (Y \cap P) = X \cap P' = B$$

なので、「開集合」に関して定理が証明されました。

「閉集合」に関する定理の証明も全く同じなので、証明は割愛します。 □

上の定理より、A, B が X の分離であるとは、X を部分空間と見て、X の開集合 (あるいは閉集合) A, B で

(1) $A, B \neq \varnothing$,

(2) $A \cap B = \varnothing$,

(3) $A \cup B = X$

を満たすものであるとみなすことができます。

定理 4.7.5 部分集合 X が分離を持つための必要十分条件は、部分空間 X の開かつ閉である部分集合 C が存在して $C \neq \varnothing, X$ を満たすことである。

証明 条件が必要であることを示します。$A, B \subset X$ を X の 1 つの分離であるとします。$C = A$ とすると、(1), (2) を満たすことは明らかでしょう。

次に、条件が十分であることを示します。$A = C, B = X - C$ とおきます。すると、$C \neq \emptyset, X$ なので、$A, B \neq \emptyset$ となります。また、$A \cup B = C \cup (X - C) = X$, $A \cap B = C \cap (X - C) = \emptyset$ となります。C は X で開かつ閉ですので、$A = C$ はもちろん開集合で、$B = X - C$ は開集合です。よって、定理が証明されました。 □

定義 4.7.6 ユークリッド空間 $\mathbb{R}^m$ の部分集合 X が部分空間としていかなる分離も持たないとき X は **連結** (connected) であるという。

分離の定義から明らかなように、コンパクト性と同様に集合の連結性もその集合が含まれる部分空間の開集合 (閉集合) の性質を用いて定義される (定理 4.7.4, 4.7.5) にも拘わらず、その部分空間が本来持っている内在的な性質であることが分かります。また、連結でないというのは分離を持つことです。

★ **4.7.2　連結集合の例**

例 4.7.7 (1) 1 点からなる集合 $\{a\}$ は連結です。

(2) 2 点以上の有限個の点からなる集合 $\{a_1, \cdots, a_k\}$ は連結ではありません。

(3) 有理数の集合 $\mathbb{Q}$ は連結ではありません。

解説　(1) から解説しましょう。1 点からなる集合 $\{a\}$ には分離が存在しないのは明らかでしょう。したがって、$\{a\}$ は連結です。

次に (2) を解説しましょう。$X = \{a_1, \cdots, a_k\} \subset \mathbb{R}^m$ とします。$\{a_1\}$ が X で閉であることは明らかですが、$\{a_1\} = X - \bigcup_{i=2}^{k} \{a_i\}$ ですので、$\{a_1\}$ は X で開でもあります。よって、定理 4.7.4 より X は連結ではありません。

最後に (3) を解説しましょう。$A = (-\infty, \sqrt{2}) \cap \mathbb{Q}, B = (\sqrt{2}, +\infty) \cap \mathbb{Q}$ とおくと、これらは $\mathbb{Q}$ の分離を与えます。したがって、$\mathbb{Q}$ は連結ではありません。 □

問題 4.7.8 (1) S を $\mathbb{R}^m$ の部分集合とします。さらに、S のある点 s が S の

孤立点であるとします。すなわち、

$$\exists \varepsilon > 0 \quad N_\varepsilon(s; \mathbb{R}^m) \cap (S - \{s\}) = \emptyset$$

であるとします。このとき、S は連結ではないことを示しなさい。

(2) $\mathbb{R}$ の部分集合 $\mathbb{R} - \mathbb{Q}$ は連結ではないことを示しなさい。

(3) $\mathbb{R}^2$ の部分集合 $\mathbb{Q} \times \mathbb{Q}$ は連結ではないことを示しなさい。

★ **4.7.3 連結性に関する種々の定理**

次の定理は集合の連結性を考える上で基本的です。

定理 4.7.9 閉区間 $[a, b]$ は連結である。

証明 背理法で証明することにしましょう。連結でないと仮定して、部分空間 $[a, b]$ 内に開かつ閉であるような空でない真部分集合 C が存在したとします。$[a, b]$ はコンパクトですので、その閉部分集合 C もまた補題 4.6.14 よりコンパクトであることが分かります。したがって、補題 4.6.33 より C は最小数 α と最大数 β を持ちます。$\alpha \neq a$ か $\beta \neq b$ のどちらかが成り立つとします。今仮に $\alpha \neq a$ であるとしましょう。このとき、任意の $\varepsilon > 0$ を取ると

$$N_\varepsilon(\alpha; [a, b]) = (\alpha - \varepsilon, \alpha + \varepsilon) \cap [a, b]$$

となりますが、$a < \alpha$ なので、この近傍内の α より小さい点は C に含まれない $[a, b]$ の点です。よって、C は $[a, b]$ で開であることに反します。

$\beta < b$ としても同じく矛盾を得るので、$\alpha = a$ かつ $\beta = b$ と仮定して議論を進めることにします。

さて、$C' = [a, b] - C$ について考えることにしましょう。この集合は仮定より、$[a, b]$ で開かつ閉ですので、やはり、最小数と最大数を持ちます。それらを α', β' と置くことにしましょう。このとき C に関する議論と同様にして、$\alpha' =$

a かつ $\beta' = b$ が結論されますが、これはありえませんので背理法によって定理が証明されたことになります。 □

問題 4.7.10 上の証明中で $\beta < b$ としたときに矛盾が生じることを示しなさい。

連結性に関する定理をいくつか挙げておきましょう。

定理 4.7.11 C, D がいずれも連結集合で $C \cap D \neq \emptyset$ ならば、$C \cup D$ は連結集合である。

この定理を証明するために補題を用意します。

補題 4.7.12 X が連結でないとし、A, B をその 1 つの分離とする。X の部分集合 C が連結ならば、$C \subset A$ または $C \subset B$ のいずれかが成立する。

証明 背理法を用いることとし、$C \cap A \neq \emptyset$, $C \cap B \neq \emptyset$ と仮定します。そして、$A' = C \cap A$, $B' = C \cap B$ と置くと、A', B' は C で開で

(1) $A' \neq \emptyset$, $B' \neq \emptyset$
(2) $A' \cap B' = C \cap A \cap B = \emptyset$
(3) $A' \cup B' = C \cap (A \cup B) = C \cap X = C$

これは A', B' が C の分離であることを示しているので不合理です。したがって、$C \cap A = \emptyset$ または $C \cap B = \emptyset$ が成立することになり、よって、$C \subset B$ または $C \subset A$ が結論されます。 □

証明 (定理 4.7.11 の証明) 背理法で証明することにして、$C \cup D$ に分離 A, B が存在すると仮定しましょう。補題 4.7.12 から次のいずれかが成り立ちます。

(1) $C, D \subset A$,
(2) $C, D \subset B$,

(3) $C \subset A$, $D \subset B$,

(4) $C \subset B$, $D \subset A$

(1), (2) のとき、それぞれ $B = \varnothing$, $A = \varnothing$ となるので、不合理です。(3) のとき、$C \cap D \subset A \cap B = \varnothing$ より $C \cap D = \varnothing$ となって矛盾を得る。(4) のときにも同様に矛盾を得るので、定理が証明されました。 □

問題 4.7.13 上の定理 4.7.11 を 2 個以上の連結集合に拡張しなさい。すなわち、$C_1, \cdots, C_k$ が連結集合で $C_i \cap C_{i+1} \neq \varnothing$ $(i-1, \cdots, k-1)$ を満たせば $C_1 \cup \cdots \cup C_k$ もまた連結であることを証明しなさい。

定理 4.7.14 C が連結集合であるための必要十分条件は C のどのような 2 点を取っても、その 2 点を含む C の連結な部分集合が存在することである。

証明 条件が必要であることは、任意の 2 点を含む連結集合として C を取れば明らかです。

次に条件が十分であることを示しましょう。そのために背理法を使うこととして、C に分離 A, B が存在するとします。$A \neq \varnothing$, $B \neq \varnothing$ なので、$a \in A$, $b \in B$ なる点 a, b があるはずです。このとき、a, b を含む C の部分連結集合 D が存在します。$A' = D \cap A$, $B' = D \cap B$ と置くと、これらは部分空間 D の開集合で

(1) $a \in A' \neq \varnothing$, $b \in B' \neq \varnothing$

(2) $A' \cap B' = D \cap A \cap B = \varnothing$

(3) $A' \cup B' = D \cap (A \cup B) = D \cap C = D$

となりますが、これは A', B' が D の分離であることを意味します。しかし、D は連結ですから不合理です。したがって、条件は十分であることが示され定理の証明が完了します。 □

問題 4.7.15 上の定理と定理 4.7.9 を用いて、次を示しなさい。

(1) $\mathbb{R}$ は連結であり、したがって、ユークリッド空間 $\mathbb{R}$ 内の閉かつ開であるような集合は $\emptyset$ と $\mathbb{R}$ 自身しかない。

(2) $\mathbb{R}$ 内の任意の区間、すなわち

$$(-\infty, a], \ (-\infty, a), \ (a, b], \ [a, b], \ [a, b), \ (a, b), \ [a, +\infty), \ (a, +\infty)$$

は連結である。

問題 4.7.16 $\mathbb{R}$ 内の連結集合は $\mathbb{R}$ 自身、1 点からなる集合と区間で尽くされることを示しなさい。

定理 4.7.17 集合族 $\{C_\lambda\}_{\lambda \in \Lambda}$ がいずれも連結集合で $\bigcap_{\lambda \in \Lambda} C_\lambda \neq \emptyset$ ならば $\bigcup_{\lambda \in \Lambda} C_\lambda$ は連結集合である。

証明 背理法を用いて証明することにします。$\bigcup_{\lambda \in \Lambda} C_\lambda$ が連結ではないと仮定し、その分離の 1 つを A, B とします。このとき、補題 4.7.12 より、任意の $\lambda \in \Lambda$ に対して、C_λ は A, B いずれかに含まれます。しかし、すべての C_λ が A か B のどちらか一方に含まれてしまうと $A = \emptyset$ か $B = \emptyset$ となってしまい A, B が分離であることに反します。したがって、

$$\exists \lambda_1, \lambda_2 \in \Lambda \quad C_{\lambda_1} \subset A, \ C_{\lambda_2} \subset B$$

が成り立ちます。よって、$C_{\lambda_1} \cap C_{\lambda_2} \subset A \cap B = \emptyset$ となりますが、一方、$\emptyset \neq \bigcap_{\lambda \in \Lambda} C_\lambda \subset C_{\lambda_1} \cap C_{\lambda_2}$ なので、不合理です。これで定理の証明が完了します。

□

定理 4.7.18 部分空間 X の部分集合 C が連結ならば、$C \subset D \subset Cl_X(C)$ を満たす任意の集合 D もまた連結である。

証明 背理法によって示します。定理の条件を満たす連結でない集合 D が存在したとして、その 1 つの分離を A, B とします。このとき、定理 4.7.4 によって、X の閉集合 F, G で $A = D \cap F$, $B = D \cap G$ となるものが存在しま

す．補題 4.7.12 より，$C \subset A$ か $C \subset B$ が成り立ちますが，$C \subset A$ として話を進めましょう．以下，閉包はすべて部分空間 X において考えるものとします．定理 4.4.11 より

$$\overline{C} \subset \overline{A} = \overline{D \cap F} \subset \overline{D} \cap \overline{F} \subset \overline{C} \cap F$$

となるので，$\overline{C} \subset F$ が成立しますが，これは，$D \subset F$ を意味し，$B = \varnothing$ が導かれます．しかし，これは不合理です．$C \subset B$ の場合も同様に不合理を得ますので，定理の証明が完了します． □

次に，連結性の応用として有用な定理を紹介しましょう．そのため，次の定義をしましょう．

定義 4.7.19 関数 $f: X \longrightarrow \mathbb{R}$ は

$$\forall x \in X \quad (\exists \delta_x > 0 \quad f|_{N_{\delta_x}(x;X)} \text{は定値関数})$$

つまり

$$\forall x \in X \quad (\exists \delta_x > 0 \quad \forall x' \in N_{\delta_x}(x;X) \quad f(x') = f(x))$$

を満たすとき**局所定値** (locally constant) であるという．

局所定値関数とは，定義域の任意の点で局所的に定数であるような関数のことです．例えば，次のような関数はその一例です．

例 4.7.20 $\mathbb{R}$ の部分空間 $X = \bigcup_{n \in \mathbb{N}} \left(\dfrac{1}{n}, \dfrac{1}{n+1} \right)$ に対して，

$$f: X \longrightarrow \mathbb{R}, \quad f(x) = \frac{1}{n} \quad \left(\forall x \in \left(\frac{1}{n}, \frac{1}{n+1} \right) \right)$$

と定義すると，この写像は局所定値です．

上の f は局所定値ではありますが，X 全体では定値ではありません．上の例の X は連結ではないことに注意してください．しかし，X が連結の場合，次のような定理が成り立ちます．

定理 4.7.21 X を連結集合とし、$f: X \longrightarrow \mathbb{R}$ を局所定値な関数とする。このとき f は X 上で定値である。

証明 $X = \varnothing$ ならば定理は自明ですので、$X \neq \varnothing$ として議論を進めます。適当な点 $x_0 \in X$ を取って $c := f(x_0)$ とします。
$$C = \{x \in X \mid f(x) = c\}$$
と置きます。このとき、C が X の開集合であることを示しましょう。f が局所定値であることから
$$\forall x \in C \quad (\exists \delta > 0 \quad N_\delta(x; X) \subset C)$$
したがって、C は X の開集合です。次に、$\mathbb{R}$ の閉集合 $\{c\}$ に対して、$C = f^{-1}(\{c\})$ なので、C は X の閉集合です。つまり、C は X の開かつ閉集合ということになります。一方、$f(x_0) = c$ なので $x_0 \in C$ となり、$C \neq \varnothing$ となることが分かります。X は連結ですので、定理 4.7.5 より $C = X$、すなわち、$\forall x \in X \quad f(x) = c$ となり、f は X 全体で定数であることが示されました。
□

★ 4.7.4 連結成分

この節では、与えられた集合を連結集合に分解することを考えてみましょう。

定義 4.7.22 集合 X に対して、$x \in X$ を含む X の連結な部分集合のすべての和 $X(x)$ を x を含む X の**連結成分** (connected component) という。

連結成分は連結です。なぜならば、定理 4.7.17 より、x を含む X の連結部分集合の和 $X(x)$ は連結であることが分かるからです。

定理 4.7.23 集合 X の連結成分に関して次が成立する。任意の $x, y \in X$ に対して、$X(x) \cap X(y) \neq \varnothing$ ならば $X(x) = X(y)$ である。したがって、X は互いに交わりのない連結成分の和で表すことができる。また、連結成分はすべて X の閉集合である。

証明 $X(x) \cap X(y) \neq \emptyset$ ならば、定理 4.7.11 から $X(x) \cup X(y)$ は連結です。$x \in X(x) \cup X(y)$ なので、$X(x) \cup X(y) \subset X(x)$ ですが、当然、逆の包含関係が成立するので $X(x) = X(x) \cup X(y)$ となります。同様の理由で $X(y) = X(x) \cup X(y)$ なので、$X(x) = X(y)$ が成立します。$X = \bigcup_{x \in X} X(x)$ なので、X は $\{X(x)\}_{x \in X}$ の中の一致しない (交わらない) 成分の和で表せます。最後に、$X(x)$ は連結なので定理 4.7.18 より X における閉包 $\overline{X(x)}$ もまた連結です。$x \in \overline{X(x)}$ なので、$\overline{X(x)} = X(x)$ となり、したがって $X(x)$ は X の閉集合です。 □

問題 4.7.24 X の連結成分の数が有限個ならば、各連結成分は X の開集合でもあることを示しなさい。

集合の連結成分の数は有限個のときもありますし、無限個のときもあります。

例 4.7.25 (1) 有限集合 $\{x_1, \cdots, x_k\}$ の連結成分への分解は

$$\{x_1, \cdots, x_k\} = \{x_1\} \cup \cdots \cup \{x_k\}.$$

であるので、連結成分は k 個あることになります。

(2) $\mathbb{R} - \{x_1, \cdots, x_k\}$ の連結成分への分解は

$$\mathbb{R} - \{x_1, \cdots, x_k\} = (-\infty, x_1) \cup (x_1, x_2) \cup \cdots \cup (x_{k-1}, x_k) \cup (x_k, +\infty).$$

なので、連結成分は $k+1$ 個あることになります。

(3) $\mathbb{Q}$ の連結成分への分解は $\mathbb{Q} = \bigcup_{q \in \mathbb{Q}} \{q\}$ なので、連結成分は無限個あります。

解説 (1), (2) の説明は不要でしょう。(3) の解説をします。任意の $q \in \mathbb{Q}$ に対して、この点を含む $\mathbb{Q}$ の連結成分 $\mathbb{Q}(q)$ は $\mathbb{R}$ 内の連結集合なので、問題 4.7.16 より $\{q\}, \mathbb{R}, q$ を含む区間のいずれかです。しかし、明らかに $\mathbb{R}$ ではありません。q を含む区間であると仮定すると無理数の稠密性 (注意 3.2.16) からこの区間は無理数を含むことになりますが、これはあり得ません。したがって、q を含む連結成分は $\{q\}$ であることが分かります。 □

問題 4.7.26 (1) $\mathbb{R} - \left\{ x \,\middle|\, x = \dfrac{1}{n} \quad n \in \mathbb{N} \right\}$ を連結成分に分解しなさい。
(2) $\mathbb{R} - \mathbb{Q}$ を連結成分に分解しなさい。

★ 4.7.5 連続写像と連結集合

連結集合と連続写像について次のような重要な定理があります。

定理 4.7.27 部分空間 X, Y とその間の連続写像 $f: X \longrightarrow Y$ が与えられているとする。$C \subset X$ が連結ならば $f(C)$ もまた連結である。

証明 背理法で証明します。$f(C)$ が連結でないと仮定して、その分離を A, B とします。制限写像 $f|_C : C \longrightarrow f(C)$ は部分空間 $C, f(C)$ 間の連続写像ですので、$f|_C$ による A, B の引き戻し A', B' は C における開集合です。そして、

(1) $A', B' \neq \varnothing$
(2) $A' \cap B' = (f|_C)^{-1}(A) \cap (f|_C)^{-1}(B) = (f|_C)^{-1}(A \cap B) = \varnothing$
(3) $A' \cup B' = (f|_C)^{-1}(A) \cup (f|_C)^{-1}(B) = (f|_C)^{-1}(A \cup B) = C$

となって、A', B' が C の分離となりますが、これは不合理ですので証明が完了します。 □

この定理は連結性はコンパクト性と同様に連続写像で保たれることを保証しています。

例 4.7.28 連結な部分空間 X に対して、写像 $f: X \longrightarrow Y$ が連続ならば $X \times Y$ の部分集合 $\{(x, f(x)) \mid x \in X\}$ は連結集合です。なお、この部分集合を写像 f の **グラフ** (graph) と呼びます。

解説 写像 $g: X \longrightarrow X \times Y$, $g(x) = (x, f(x))$ を考えると、定理 3.2.29 によって、これは連続であることが分かります。したがって、$g(X) = \{(x, f(x)) \mid x \in X\}$ は定理 4.7.27 より連結です。 □

定理 4.7.27 を用いて「中間値の定理 (mean–value theorem)」として知られている次の有名な定理の証明をしてみましょう。

系 4.7.29 (中間値の定理) 連続関数 $f: [0,1] \longrightarrow \mathbb{R}$ が与えられたとき、$f(0)$ と $f(1)$ の間の任意の中間値 c に対して、$[0,1]$ の点 a が存在して $c = f(a)$ を満たす。

証明 $c \neq f(0), f(1)$ の場合を示せば十分です。$[0,1]$ は連結ですので、定理 4.7.27 より $f([0,1])$ も連結です。$c \notin f([0,1])$ であるとすると、

$$f([0,1]) = (f([0,1]) \cap (-\infty, c)) \cup (f([0,1]) \cap (c, \infty))$$

です。仮定より、$f([0,1]) \cap (-\infty, c), f([0,1]) \cap (c, \infty)$ はそれぞれ、$f(0), f(1)$ のどちらか一方を含むので、$f([0,1]) \cap (-\infty, c)$ と $f([0,1]) \cap (c, \infty)$ は $f([0,1])$ の分離ということになります。これは矛盾ですので、$c \in f([0,1])$ が得られ、定理の証明が完了します。 □

さて、ここで「曲線」の定義をしておきましょう。

定義 4.7.30 部分空間 X が与えられたとき、ユークリッド空間 $\mathbb{R}$ の部分空間 $[a,b]$ から X への連続写像 $c: [a,b] \longrightarrow X$ を $[a,b]$ から X への**曲線** (curve) という。$c(a) = p, c(b) = q$ のとき、曲線 c は点 p と q を**結ぶ**という。

注意 4.7.31 曲線という言葉から図形を思い浮かべる人が多いのではないかと思います。上の定義で言えば $c([a,b])$ のことです。しかし、定義にあるように曲線とは区間から部分空間への連続写像のことなのです。例えば、曲線 $c: [0,1] \longrightarrow \mathbb{R}^2, \ c(\theta) = (\cos 4\pi\theta, \sin 4\pi\theta)$ の像は S^1 ですが、写像として考えると S^1 をぐるぐると 2 回まわる曲線として捉えられます。

系 4.7.32 集合 C の任意の 2 点が C 内の曲線で結べるならば C は連結である。

4.7 連結性と弧状連結性　169

証明　C の任意の 2 点 p, q に対して、曲線 $\gamma : [0, 1] \longrightarrow C$, $\gamma(0) = p$, $\gamma(1) = q$ が存在するならば、定理 4.7.9, 4.7.27 によって $\gamma([0, 1])$ は連結です。したがって、$\gamma([0, 1])$ は点 p, q を含む C の連結部分集合になります。よって、定理 4.7.11 より結果が証明されました。　□

この定理 4.7.27 を用いて線分や円周が連結であることが示されます。

例 4.7.33　(1) $\mathbb{R}^m$ 内の任意の線分は連結です。
(2) $\mathbb{R}^2$ 内の円周 S^1 は連結です。

解説　まず、(1) を示しましょう。$\mathbb{R}^m$ 内の任意の 2 点 p, q を結ぶ線分 I に対して、写像 $f : [0, 1] \longrightarrow \mathbb{R}^m$, $f(t) = (1 - t)p + tq$ (すなわち、$f(t)$ は p と q を $t : (1 - t)$ に内分する点) は f の各成分が t の 1 次式ですので定理 3.2.29 より連続です。また、$f(0) = p$, $f(1) = q$ なので、$f([0, 1]) = I$。したがって、定理 4.7.27 より $I = f([0, 1])$ は連結です。

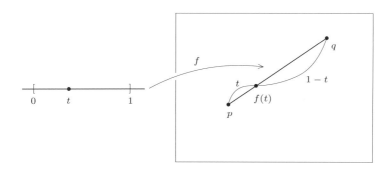

次に、(2) を示しましょう。写像 $g : [0, 1] \longrightarrow \mathbb{R}^2$, $g(\theta) = (\cos 2\pi\theta, \sin 2\pi\theta)$ を考えると、この写像は各成分が θ の 3 角関数なので連続です。したがって、定理 3.2.29 より連続であることが分かります。また、$g([0, 1]) = S^1$ となるのは明らかでしょう。

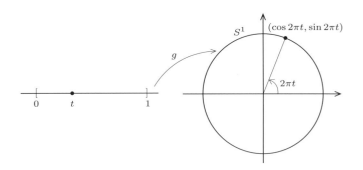

したがって、連結集合の連続写像による像として定理 4.7.27 より $g([0,1]) = S^1$ は連結です。 □

★ **4.7.6 連結集合の直積**

定理 4.7.34 連結集合 C, D の直積集合 $C \times D$ はまた連結である。

証明 $C \times D$ の任意の 2 点 $(a,b), (c,d)$ を取ります。包含写像

$$\iota_C : C \hookrightarrow C \times D, \quad \iota_C(x) = (x,d)$$
$$\iota_D : D \hookrightarrow C \times D, \quad \iota_D(y) = (a,y)$$

を考えるとこれらは連続写像で $\iota_C(C) = C \times \{d\}$, $\iota_D(D) = \{a\} \times D$ なので、定理 4.7.27 より $C \times \{d\}, \{a\} \times D$ は連結です。

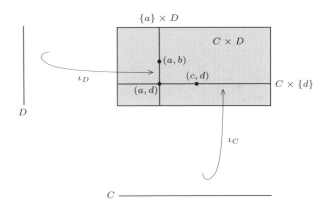

また、$(a,d) \in (\{a\} \times D) \cap (C \times \{d\})$ なので、定理 4.7.34 より、2 点 (a,b), (c,d) を含む集合 $(\{a\} \times D) \cup (C \times \{d\})$ は連結です。したがって、定理 4.7.11 より直積集合 $C \times D$ は連結です。これで定理の証明が完了します。
$\square$

上の定理より次の例に挙げる集合が連結であることはすぐに分かります。

例 4.7.35 次の集合は連結です。

(1) $\mathbb{R}^m$

(2) $\mathbb{R}^m$ の部分集合 $[a_1, b_1] \times \cdots \times [a_m, b_m]$

(3) $S^1 \times S^1 \subset \mathbb{R}^4$。この集合は 2 次元**トーラス** (torus) と呼ばれます。3 次元ユークリッド空間 $\mathbb{R}^3$ の中でドーナツの表面として実現できます (例 4.8.11)。

★ 4.7.7 複雑な連結集合の例

もう少し複雑な集合も今までの結果を用いると連結であることが証明できます。

例 4.7.36 次の集合は連結です。

(1) 2 次元単位球面 $S^2 \subset \mathbb{R}^3$

(2) 第 3 章 3.2 の例 3.1.19 (3) の集合 X

(3) 凸集合 (任意の 2 点を結ぶ線分がその集合の内部に含まれる集合のことです)。特に、ユークリッド空間 $\mathbb{R}^m$ 内の近傍 $N_\varepsilon(p; \mathbb{R}^m)$ は凸であり、したがって連結です。

(4) 星状体 (ある点と任意の点を結ぶ線分がその集合に含まれる集合のことです)。例えば、$\mathbb{R}^2$ の部分集合

$$L = \{(x,y) \mid y = qx, \; q \in \mathbb{Q}\}$$

は星状体ですので連結です。

(5) m **次元穴あき円板** (m–dimensional punctured disk) $D_m - \{O\}$ は連結です。ここで、

$$D_m = \{x \mid x \in \mathbb{R}^m \;\; d(x,O) \leq 1\}.$$

解説 まず、(1) について解説します。第 2 章 2.7 で導入された北極からの立体射影

$$\pi_N : S^2 - \{N\} \to \mathbb{R}^2, \quad \pi_N(x,y,z) = \left(\frac{x}{1-z}, \frac{y}{1-z}\right)$$

は全単射連続で逆写像は

$$(\pi_N)^{-1} : \mathbb{R}^2 \to S^2 - \{N\},$$
$$(\pi_N)^{-1}(x,y) = \left(\frac{2x}{x^2+y^2+1}, \frac{2y}{x^2+y^2+1}, \frac{x^2+y^2-1}{x^2+y^2+1}\right)$$

で与えられますので、連続です。したがって、定理 4.7.27 より $S^2 - \{N\}$ は連結集合 $\mathbb{R}^2$ の連続像として連結であることが分かります。同様に、$S^2 - \{S\}$ (ただし、$S = (0,0,-1)$) も連結であることが分かります。そして、$(S^2 - \{N\}) \cap (S^2 - \{S\}) \neq \emptyset$ は明らかですから定理 4.7.11 により $S^2 = (S^2 - \{N\}) \cup (S^2 - \{S\})$ は連結集合であることが分かります。

次に (2) について説明しましょう。X_2 が連結集合であることは定理 4.7.11 より直ちに導かれます。また、$\overline{X_2} = X$ ですので、定理 4.7.18 より X は連結集合です。

次は (3) の説明です。凸集合を C とします。任意の 2 点を結ぶ線分が C の部分集合ですが、線分は例 4.7.33 (1) より連結ですので、定理 4.7.14 を用いて C が連結であることが示されます。近傍 $N_\varepsilon(p; \mathbb{R}^m)$ が凸集合であることを示しましょう。近傍内の任意の 2 点 p, q を取って、その 2 点を結ぶ線分 $\overline{pq}$ 上の任意の点 $r_t = tp + (1-t)q$ ($t \in [0,1]$) を考えます。

4.7 連結性と弧状連結性

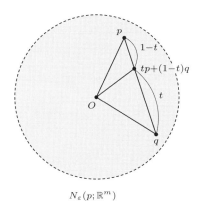

$N_\varepsilon(p; \mathbb{R}^m)$

このとき、3角不等式より

$$d(r_t, O) \leq d(tp, O) + d(r_t, tp) = d(tp, O) + d(r_t - tp, O)$$
$$= d(tp, O) + d((1-t)q, O)$$
$$= td(p, O) + (1-t)d(q, O)$$
$$< \varepsilon$$

となるので、$r_t \in N_\varepsilon(p; \mathbb{R}^m)$。したがって、線分 $\overline{pq}$ は近傍 $N_\varepsilon(p; \mathbb{R}^m)$ に含まれますので、この近傍は凸集合であることが分かります。よって、先の議論より近傍は連結です。

次に (4) の説明をしましょう。星状体 $\mathcal{S}$ のある点 q と任意の点 p を結ぶ線分 $\overline{pq}$ は連結ですが、これらは点 q を共有しています。そしてこの星状体は $\mathcal{S} = \bigcup_{p \in \mathcal{S}} \overline{pq}$ となります。したがって、定理 4.7.17 より星状体 $\mathcal{S}$ は連結であることが分かります。

最後に (5) を説明します。2 点を結ぶ連結集合 (曲線) を作って連結性を証明する方法もありますが、ここではそれとは異なる方法で証明を与えましょう。次のような写像の可換図式を考えます。

$$\begin{array}{ccc} (0,1] \times \mathbb{R}^m & \xrightarrow{F} & D_m \\ \iota_1 \uparrow & & \iota_2 \uparrow \\ (0,1] \times S^{m-1} & \xrightarrow{f} & D_m - \{O\} \end{array}$$

ただし、
$$F(t, x_1, \cdots, x_m) = \frac{t}{\|(x_1, \cdots, x_m)\|}(x_1, \cdots, x_m),$$
$$f(t, x_1, \cdots x_m) = t(x_1, \cdots, x_m)$$
とします。ここで、$\|(x_1, \cdots, x_m)\| = \sqrt{x_1{}^2 + \cdots + x_m{}^2}$ です。

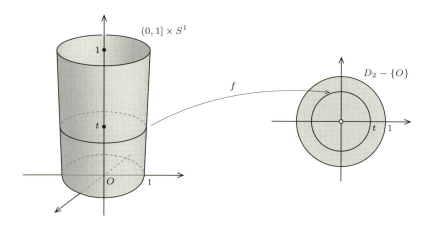

F の各成分は連続なので、この写像は連続です。したがって、上の可換図式より f も連続です。また、定理 4.7.34 より $(0,1] \times S^{m-1}$ は連結ですが、$f((0,1] \times S^{m-1}) = D_m - \{O\}$ なので、連結集合の連続写像による像として $D_m - \{O\}$ は連結です。 □

問題 4.7.37 (1) m 次元単位球面 S^m は連結であることを証明しなさい。

(2) 例 4.7.36 (2) の X_2 が連結であることを証明しなさい。

★ 4.7.8 弧状連結集合

集合がつながっていることの別の表現があります。それは「弧状連結性」という概念です。

定義 4.7.38 部分空間 X の任意の 2 点が X 内の曲線で結ぶことができるとき、すなわち、

$\forall x, y \in X \quad \exists c : [0,1] \longrightarrow X(\text{連続写像}) \quad c(0) = x \text{ かつ } c(1) = y.$

が成立するとき X は**弧状連結** (arcwise connected) であるという。

系 4.7.32 より弧状連結ならば連結であることが直ちに分かります。

定理 4.7.39 部分空間 X が弧状連結ならば連結である。

X が弧状連結連結でないことは、

X の 2 点 a, b が存在して、これらを結ぶ X 内の曲線は存在しない

と表現できます。

例 4.7.40 中間値の定理の応用として、$\mathbb{R} - \{0\}$ が弧状連結ではないことを示してみましょう。

解説 $-1 \in \mathbb{R} - \{0\}$ と $1 \in \mathbb{R} - \{0\}$ を結ぶ曲線 $c : [0,1] \longrightarrow \mathbb{R} - \{0\}$ が存在しないことを示せば十分です。背理法で示すことにして、このような曲線 $c : [0,1] \longrightarrow \mathbb{R} - \{0\}$ が存在したとすると、$c(0) = -1, c(1) = 1$ なので中間値の定理から -1 と 1 の中間値 0 に対して、$c(a) = 0$ となる $a \in [0,1]$ が存在します。しかし、$c([0,1]) \subset \mathbb{R} - \{0\}$ なので、これは矛盾です。したがって、結論が導かれます。 □

★ 4.7.9 弧状連結性と連結性の類似

しばらく、弧状連結性と連結性の類似を見てゆくことにしましょう。連結性のときと同様に次の定理は基本的です。

定理 4.7.41 部分空間 $\mathbb{R}$ の部分集合 $[a, b]$ は弧状連結である。

証明 $[0,1]$ の任意の 2 点 α, β ($\alpha < \beta$) に対して、曲線 $c : [0,1] \longrightarrow [a, b]$ を $c(t) = t\beta + (1-t)\alpha$ と定義すると、これは 2 点を結ぶ $[a, b]$ 内の曲線になります。したがって、$[a, b]$ は弧状連結です。 □

これから先の議論のために次の定理を証明しておきましょう。

定理 4.7.42 部分空間 X 内の 2 つの開集合 A, B 上で定義された部分空間 Y への連続写像 $f : A \longrightarrow Y, \; g : B \longrightarrow Y$ が $f\,|_{A \cap B} = g\,|_{A \cap B}$ を満たすとき、写像

$$h : A \cup B \longrightarrow Y, \quad h(x) = \begin{cases} f(x) & (x \in A) \\ g(x) & (x \in B) \end{cases}$$

は連続である。A, B が共に閉集合のときも同じ結果が成立する。

証明 まず、A, B が開集合のとき、証明をしましょう。部分空間 Y の任意の開集合 O に対して $h^{-1}(O) = f^{-1}(O) \cup g^{-1}(O)$ となることがすぐ分かります。また、$f^{-1}(O), g^{-1}(O)$ は f, g の連続性ゆえに A, B で開ですが、A, B が X で開なので、$f^{-1}(O), g^{-1}(O)$ は X でも開であり、したがって $A \cup B$ でも開となります。よって、$h^{-1}(O)$ は $A \cup B$ で開です。これで A, B が開集合のとき、定理が証明されました。

A, B が閉集合のときの証明も全く同様ですので割愛します。 □

上の定理で A, B がともに開 (または閉) という条件は必要であることが下の例から分かります。

例 4.7.43 $A = (-\infty, 0), \; B = [0, +\infty) \subset \mathbb{R}$ とします。このとき、$A \cup B = \mathbb{R}$ です。$f : A \longrightarrow \mathbb{R}, \; f(x) = 0, \; g : B \longrightarrow \mathbb{R}, \; g(x) = 1$ に対して、上の定理の h を考えると $h : \mathbb{R} \longrightarrow \mathbb{R}$ は明らかに原点で不連続です。

例 4.7.44 部分空間 X に対して、2 つの曲線 $c_1 : [0, 1] \longrightarrow X, \; c_2 : [0, 1] \longrightarrow X$ が $c_1(1) = c_2(0)$ を満たすとします。このとき、新たに作った曲線

$$c : [0, 1] \longrightarrow X, \quad c(t) = \begin{cases} c_1(2t) & \left(t \in \left[0, \dfrac{1}{2}\right]\right) \\ c_2(2t - 1) & \left(t \in \left[\dfrac{1}{2}, 1\right]\right) \end{cases}$$

は連続です。このようにして作成した曲線 c を曲線 c_1, c_2 の**連結曲線**と呼ぶことにします。

解説 まず、$p_1 : \left[0, \frac{1}{2}\right] \longrightarrow [0,1]$, $p_1(t) = 2t$ と $p_2 : \left[\frac{1}{2}, 1\right] \longrightarrow [0,1]$, $p_2(t) = 2t - 1$ を考えるとこの写像はいずれも連続です。したがって、曲線 $c_1 \circ p_1 : \left[0, \frac{1}{2}\right] \longrightarrow X$, $c_2 \circ p_2 : \left[\frac{1}{2}, 1\right] \longrightarrow X$ も連続になります。

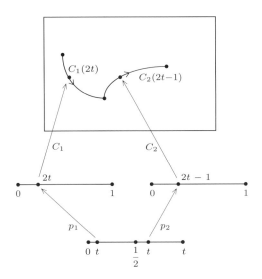

区間 $\left[0, \frac{1}{2}\right]$, $\left[\frac{1}{2}, 1\right]$ はいずれも $\mathbb{R}$ の閉集合で、$c_1 \circ p_1 \left(\frac{1}{2}\right) = c_2 \circ p_2 \left(\frac{1}{2}\right)$ なので、先の定理 4.7.42 より、写像 $c : [0,1] \longrightarrow X$ は曲線になります。 □

連結性に関する定理 4.7.11, 4.7.14, 4.7.17, 4.7.18 などに類似の定理が弧状連結集合に関しても成立します。

定理 4.7.45 部分空間 X, Y とその間の連続写像 $f : X \longrightarrow Y$ が与えられているとき、$C \subset X$ が弧状連結ならば $f(C)$ もまた弧状連結である。

証明 部分空間 Y の部分集合 $f(C)$ の勝手な 2 点 a, b を取ると、C の 2 点 x, y が存在して、$a = f(x)$, $b = f(y)$ となります。C の弧状連結性より x, y

を結ぶ曲線 $c: [0,1] \longrightarrow C$ が存在します。ここで、合成写像 $f \circ c: [0,1] \longrightarrow C$ を考えると、$f \circ c(0) = a$, $f \circ c(1) = b$ なのでこれは点 a, b を結ぶ $f(C)$ 内の曲線であることが分かります。したがって、$f(C)$ が弧状連結であることが示されました。 □

定理 4.7.46 部分空間の部分集合について次が成り立つ。

(1) C, D がいずれも弧状連結な部分集合で、$C \cap D \neq \emptyset$ ならば $C \cup D$ も弧状連結である。

(2) C が弧状連結集合であるための必要十分条件は C のどのような 2 点を取ってもその 2 点を含む C の弧状連結な部分集合が存在することである。

(3) 集合族 $\{C_\lambda\}_{\lambda \in \Lambda}$ が弧状連結な部分集合から成り、$\bigcap_{\lambda \in \Lambda} C_\lambda \neq \emptyset$ ならば $\bigcup_{\lambda \in \Lambda} C_\lambda$ は弧状連結である。

証明 まず、(1) を示しましょう。$C \cup D$ から任意の 2 点 x, y を選んだとき 2 点がいずれも C, D の一方に含まれていればこの 2 点を結ぶ $C \cup D$ 内の曲線があることは明らかでしょう。それでは、例えば $x \in C$, $y \in D$ のように C, D に分かれて含まれる場合はどうでしょう。このとき、$C \cap D \neq \emptyset$ ですのでこの中の 1 点 z を選ぶと、$x, z \in C$, $y, z \in D$ なので仮定より x, z を結ぶ C 内の曲線 $\alpha: [0,1] \longrightarrow C$, y, z を結ぶ D 内の曲線 $\beta: [0,1] \longrightarrow D$ が存在します。このとき、曲線 α, β の連結曲線 $\gamma: [0,1] \longrightarrow C \cup D$ を考えると例 4.7.44 より、この曲線は x, y を結ぶ連続な曲線となります。これは、(1) を証明します。

(2) はほとんど明らかです。

(3) の証明は読者に残しておきます。 □

問題 4.7.47 定理 4.7.46 の (3) を示してください。

定理 4.7.48 弧状連結集合 C, D の直積集合 $C \times D$ はまた弧状連結である。

この定理の証明は定理 4.7.34 と同じです。

問題 4.7.49 定理 4.7.48 を証明してください。

定理 4.7.45, 4.7.46, 4.7.48 などを用いると前節で例示された次のような連結集合は弧状連結であることが示されます。

例 4.7.50 次の集合は弧状連結です。

(1) m 次元ユークリッド集合 $\mathbb{R}^m$ 内の線分

(2) m 次元ユークリッド集合 $\mathbb{R}^m$

(3) m 次元単位円板 $D^m = \{(x_1, \cdots, x_m) \mid x_1^2 + \cdots + x_m^2 \leq 1\}$

(4) m 次元単位球面 S^m

(5) 2 次元トーラス $S^1 \times S^1$

(6) m 次元単位円板から原点を除いた集合 $D^m - \{O\}$

解説 それでは順番に説明していきましょう。まず (1) の説明から始めます。$\mathbb{R}^m$ 内の任意の 2 点 x, y を取り、これらを結ぶ線分を S とします。このとき、$\ell : [0,1] \longrightarrow \mathbb{R}^m$, $\ell(t) = ty + (1-t)x$, $S = \ell([0,1])$ となる曲線 ℓ を考えます。このとき、定理 4.7.45 より、$S = \ell([0,1])$ は $[0,1]$ の弧状連結性 (定理 4.7.41) ゆえにまた弧状連結です。

次に (2) を説明しましょう。$\mathbb{R}^m$ 内の任意の 2 点 x, y を取ると、この点を両端とする線分が存在しますが、これは (1) によって弧状連結です。したがって、定理 4.7.45 より $\mathbb{R}^m$ は弧状連結です。

(3) 以下は演習問題として読者にお任せします。 □

問題 4.7.51 上の例の (3), (4), (5), (6) を証明しなさい。

★ 4.7.10 弧状連結性と連結性の相違

ここまでは連結性と弧状連結性の類似点を見てきましたが、ここから両者の相違について考察していきましょう。次の例は連結性と弧状連結性は異なる概念であることを示しています。

例 4.7.52 第 3 章、例 3.1.19 (3) の集合 X は先に示したように連結ですが弧状連結ではありません。

解説 第 4 章、例 3.1.19 (3) で導入した記号 X_1, X_2 を用いると、$X = X_1 \cup X_2$ となります。背理法で示すことにして、X が弧状連結であるとします。このとき、例えば、$(0,0) \in X_1$ と $(1,1) \in X_2$ を結ぶ曲線 $c : [0,1] \longrightarrow X$ が存在するはずです。X_1 は X の閉集合ですから $c^{-1}(X_1)$ は $[0,1]$ の閉集合となるので、定理 4.6.14 よりコンパクト集合となるはずです。$c^{-1}(X_1)$ の最大値を α とすることにします。$c(0) \in X_1$, $c(1) \in X_2$ なので、$0 \leq \alpha < 1$ であることに注意してください。このとき、c の連続性から任意の $\varepsilon > 0$ に対して

$$\exists \delta > 0 \quad c([\alpha - \delta, \alpha + \delta]) \subset N_\varepsilon(c(\alpha); X) \quad (\alpha > 0)$$

または

$$\exists \delta > 0 \quad c([\alpha, \alpha + \delta]) \subset N_\varepsilon(c(\alpha); X) \quad (\alpha = 0)$$

が言えます。適当な $0 < \beta \leq 1$ に対して、

$$c(\alpha) = \begin{cases} (0,0) & (\alpha = 0) \\ (0,\beta) & (\alpha > 0) \end{cases}$$

となることに注意して、ε を十分小さく取ると、近傍 $N_\varepsilon(c(\alpha); X)$ は以下の図のいずれかになります。

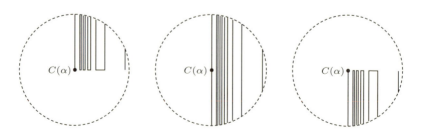

一方、$c([\alpha - \delta, \alpha + \delta])$（または $c([\alpha, \alpha + \delta])$）は区間の連結性と定理 4.7.27 より連結集合になるはずです。$c(\alpha)$ は X_1 上にありますが、$c(\alpha + \delta)$ は X_2 上

にあるはずです。

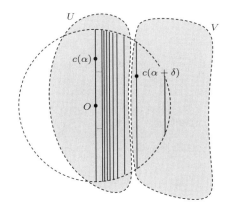

$0 < \beta < 1$ のとき、例えば上の図のように $\mathbb{R}^2$ の開集合 U, V を取ると、
$$c([\alpha - \delta, \alpha + \delta]) = (c([\alpha - \delta, \alpha + \delta]) \cap U) \cup (c([\alpha - \delta, \alpha + \delta]) \cap V)$$
となって、$c([\alpha - \delta, \alpha + \delta])$ が分離を持たないことに矛盾します。$\beta = 0, 1$ のときも同様な議論で矛盾を得ます。したがって、背理法により X は弧状連結でないことが証明されました。 □

上の例は弧状連結性に対しては連結性に関する定理 4.7.18 に類似の定理は成立しないことを示しています。

この節の最後に集合の弧状連結成分への分解を説明しておきます。

定義 4.7.53 ユークリッド空間の部分集合 X に対して、$x \in X$ を含む X の弧状連結な部分集合の和 $X(x)$ を x を含む弧状連結成分という。

連結のときの定理 4.7.18 に類似の定理が成立します。

定理 4.7.54 任意の $x, y \in X$ に対して、$X(x) \cap X(y) \neq \emptyset$ ならば $X(x) = X(y)$ である。したがって、X は互いに交わりのない弧状連結成分の和で表すことができる。

証明は定理 4.7.18 とほぼ同様です。

問題 4.7.55 上の定理を証明しなさい。

例 4.7.56 例 3.1.19 の集合 X を弧状連結成分に分解してみましょう。

解説 X_1 は弧状連結です。また X_2 も折れ線ですので弧状連結です。そして、X は弧状連結ではありません。したがって、X の弧状連結成分への分解は $X = X_1 \cup X_2$ ということになります。 □

連結性と弧状連結性は異なる概念ですが、ユークリッド空間 $\mathbb{R}^m$ の開集合については両者に差がないことを示すことができます。

定理 4.7.57 ユークリッド空間 $\mathbb{R}^m$ の開集合 O に対して O が連結であることと弧状連結であることは同値である。

証明 弧状連結であれば連結であることは、既に証明したように一般の集合で成り立ちます (定理 4.7.41)。逆を示すために、O が連結であるとします。$O = \emptyset$ であれば結果は明らかですので、$O \neq \emptyset$ と仮定して、ある点 $p \in O$ を含む弧状連結成分 $X(p)$ (定理 4.7.54) を考えます。まず、$X(p)$ が O の開集合となることを示します。任意の点 $q \in X(p)$ を取ると、$c_1(0) = p$ かつ $c_1(1) = q$ を満たす曲線 $c_1 : [0, 1] \longrightarrow O$ が存在します。$q \in O$ なので、$\exists \delta > 0$ $N_\delta(q; \mathbb{R}^m) \subset O$ となります。このとき、任意の点 $q' \in N_\delta(q; \mathbb{R}^m)$ と q はこの近傍内で曲線 (線分) $c_2 : [0, 1] \longrightarrow N_\delta(q; \mathbb{R}^m)$ で結ぶことができます (次ページの図を参照)。c を c_1, c_2 の連結曲線 (例 4.7.44 参照) とすると、これは p と q' を結ぶ O 内の曲線になります。したがって、$q' \in X(p)$ が得られるので、$N_\delta(q; \mathbb{R}^m) \subset X(p)$ となり、$X(p)$ が O の開集合であることが分かります。

次に、$X(p)$ が O の閉集合であることを示します。それは $O - X(p)$ が開集合であることを示すことと同値です。任意の $q \in O - X(p)$ に対して、$q \in O$ なので、先程と同様に $\exists \delta > 0$ $N_\delta(q; \mathbb{R}^m) \subset O$ となります。このとき、この δ-近傍の任意の点 q' に対して、$q' \in X(p)$ であるとすると、先ほどと全く同

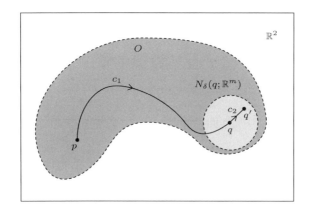

じ議論で p と q を結ぶ O 内の曲線が存在することになり $q \in O - X(p)$ に矛盾します。したがって、$q' \in O - X(p)$ が得られますので、$N_\delta(q; \mathbb{R}^m) \subset O - X(p)$ となり $O - X(p)$ が O の開集合、つまり $X(p)$ が O の閉集合という結果が得られました。

以上の議論から $X(p)$ は O の空でない開集合であると同時に閉集合であることが分かります。したがって、定理 4.7.5 より $X(p) = O$ となるので O は弧状連結です。これで定理の証明は完了します。 □

● 4.8 位相同型

小中学校で図形の合同の概念を勉強しました。ユークリッド空間内の回転、平行移動、折り返しで重なる 2 つの図形は「合同」であると言いました。合同は図形が「同じ」であるということの 1 つの見方だということができます。この節で説明するのは、ユークリッド空間内の図形 (集合) が同じであることの別の見方です。

★ 4.8.1 位相同型

定義 4.8.1 ユークリッド空間内の部分空間 X と Y が**位相同型** (homeomorphic) であるとは、この 2 つの部分空間の間に次の条件を満たす写像 $h : X \longrightarrow Y$ が存在することを言う。

(1) h は全単射である

(2) h, h^{-1} は連続である

このとき、写像 h を X から Y への**位相同型写像** (homeomorphism) と言う。X と Y が位相同型であることを記号で $X \cong Y$ と記す。

定理 4.8.2 ユークリッド空間の部分集合 X, Y, Z に関して次のことが成り立つ。

(1) $X \cong X$

(2) $X \cong Y$ ならば $Y \cong X$

(3) $X \cong Y$ かつ $Y \cong Z$ ならば $X \cong Z$

証明 まず (1) を証明します。X の恒等写像は位相同型写像ですので、X は自分自身に位相同型であることが分かります。

次に、(2) の証明です。$h: X \longrightarrow Y$ を X から Y への位相同型写像とすると、$(h^{-1})^{-1} = h$ に注意すれば、$h^{-1}: Y \longrightarrow X$ が Y から X への位相同型写像になることが分かるので、$X \cong Y$ ならば $Y \cong X$ です。

最後に、(3) の証明をします。X と Y、Y と Z が位相同型として、$g: X \longrightarrow Y$, $h: Y \longrightarrow Z$ を位相同型写像とすると、$h \circ g : X \longrightarrow Z$ は連続な全単射であり、その逆写像 $(h \circ g)^{-1} = g^{-1} \circ h^{-1}$ もまた連続であることが分かります。したがって、位相同型写像 $h \circ g$ により X と Z は位相同型です。 □

注意 4.8.3 集合 $\mathcal{X}$ の元の間の「関係」$\cong$ が 3 つの条件

(1) $x \cong x$ (反射律)

(2) $x \cong y$ ならば $y \cong x$ (対称律)

(3) $x \cong y$ かつ $y \cong z$ ならば $x \cong z$ (推移律)

を満たすとき、この関係を $\mathcal{X}$ の**同値関係** (equivalence relation) と言います。上の定理 4.8.2 は位相同型はユークリッド空間の部分集合からなる集合の同値関係であることを示しています。同値関係に関する詳しい説明は他の本を参照してください (例えば [14], [16] を参照)。

★ 4.8.2 位相同型の例

位相同型という見方で図形を見るとどのようなものが同じ ($\cong$) でどのようなものが異なる ($\not\cong$) のでしょうか。まず、簡単な例から見ていきましょう。

例 4.8.4 (1) ユークリッド空間 $\mathbb{R}$ 内の任意の閉区間 $[a,b]$ は $[0,1]$ と位相同型です。位相同型の推移律 (定理 4.8.2 (3)) を用いると任意に与えられた 2 つの閉区間は常に位相同型であることが分かります。$(a,b) \cong (c,d)$, $[a,b) \cong [c,d)$ なども同様です。

(2) 開区間 $(-1,1)$ と $\mathbb{R}$ は位相同型です。

(3) 平面内の円周は $S^1 = \{(x,y) \mid x^2+y^2=1\}$ と位相同型です。位相同型の推移律より平面内の全ての円周は互いに位相同型であることが分かります。

解説 まず (1) を解説します。写像 $h : [0,1] \longrightarrow [a,b]$, $h(t) = tb+(1-t)a$ を考えます。

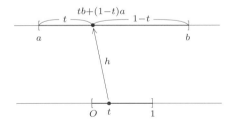

この写像が全単射連続であることを確かめるのは容易です。逆写像の連続性は、逆写像が

$$h^{-1}(s) = \frac{1}{b-a}(s-a)$$

となることから分かります。したがって、$[0,1] \cong [a,b]$ です。別の閉区間 $[c,d]$ を取ると、$[0,1] \cong [c,d]$ ですから、定理 4.8.2 (2) と (3) より $[a,b] \cong [c,d]$ となることが分かります。

次に (2) を解説します。写像 $h : (-1,1) \longrightarrow \mathbb{R}$, $h(t) = \dfrac{t}{1-|t|}$ を考え

ます。$g : \mathbb{R} \longrightarrow (-1, 1)$, $g(s) = \dfrac{s}{1+|s|}$ とすると、簡単な計算で $g \circ h = \mathrm{id}_{(-1,1)}$, $h \circ g = \mathrm{id}_{\mathbb{R}}$ が確かめられます。したがって、h は全単射であって、$h^{-1} = g$ であることが分かります。g, h の連続性も関数の形から明らかでしょう。したがって、h は位相同型なので、$(-1, 1) \cong \mathbb{R}$ です。

最後に (3) の解説をします。原点を中心とする円周 $S_r = \{(x, y) \mid x^2 + y^2 = r^2\}$ $(r > 0)$ を考えます。このとき、写像 $h : S_1 \longrightarrow S_r$, $h(p) = rp$ は位相同型を与えます。

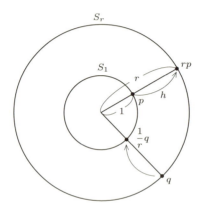

$g : S_r \longrightarrow S_1$, $g(q) = \dfrac{1}{r}q$ とすると、$h \circ g = \mathrm{id}_{S_r}$, $g \circ h = \mathrm{id}_{S_1}$ なので、定理 2.2.33 より、h は全単射で $h^{-1} = g$ となることが分かります。また、写像の成分は 1 変数の一次関数なので、写像 h, h^{-1} が連続であることが分かります。したがって、$S_1 \cong S_r$ を得ます。別の半径を持つ S_R に対して、(1) と同様にして $S_r \cong S_R$ を示すことができます。 $\square$

問題 4.8.5 (1) $\mathbb{R}^2$ 内の閉円板 $D_r = \{(x, y) \mid x^2 + y^2 \leq r^2\}$ について、任意の正数 r, R に対して $D_r \cong D_R$ となることを示しなさい。また、一般に $\mathbb{R}^m$ 内の閉球 $D_r^m = \{(x_1, \cdots, x_m) \mid x_1^2 + \cdots + x_m^2 \leq r^2\}$ に関しても同様なことが成り立つことを示しなさい。

(2) $\mathbb{R}^2$ 内の開円板 $D_r = \{(x, y) \mid x^2 + y^2 < r^2\}$ について、$D_r \cong \mathbb{R}^2$ となることを示しなさい。次元を上げても同様なことが成り立つことも併せて考えてください。

次の例を説明する前に逆写像の連続性を考察するときに有用な次の定理を証明しておきましょう。

定理 4.8.6 ユークリッド空間のコンパクトな部分空間 X と部分空間 Y の間に連続な全単射 $f : X \longrightarrow Y$ があるとする。このとき、$f^{-1} : Y \longrightarrow X$ は連続であり、f は X と Y の位相同型を与える。

証明 X の任意に与えられた閉集合 F を取ります。このとき、F は定理 4.6.14 よりコンパクトです。また、$(f^{-1})^{-1}(F) = f(F)$ となります。定理 4.6.22 より $f(F)$ もコンパクトですが、ハイネ–ボレルの定理 4.6.15 より Y で閉です。これより、f^{-1} が連続であることが示されました。 □

注意 4.8.7 定理の中の「X はコンパクト」は必要な条件です。例えば次のような例を考えればそれが分かります。

例 4.8.8 注意 4.6.24 で述べたように、$f : [0, 1) \longrightarrow S^1$, $f(\theta) = (\cos 2\pi\theta, \sin 2\pi\theta)$ は連続な全単射ですが f^{-1} は連続ではありません。

もう少し位相同型な図形の例を挙げましょう。

例 4.8.9 (1) 区間 $[0, 1]$ とユークリッド空間 $\mathbb{R}^m$ 内の任意の線分は位相同型です。したがって、任意の 2 つの線分は位相同型です。
(2) 平面内の円周と 3 角形の周は位相同型です。

解説 まず (1) の解説です。$\mathbb{R}^m$ 内の異なる点 P, Q を結ぶ線分 $\overline{PQ}$ を考えます。$h : [0, 1] \longrightarrow \overline{PQ}$, $h(t) = t\overrightarrow{OQ} + (1-t)\overrightarrow{OP}$ とするとこれが両者の間の位相同型になります。まず、全射であることは線分 PQ 上の任意の点は適当な数 t ($0 < t < 1$) を選ぶと線分 PQ を $t : 1-t$ に内分する点として表現できることから分かります。単射はベクトル $\overrightarrow{OP}, \overrightarrow{OQ}$ の独立性から分かります。h の連続性は $h(t)$ の成分が t の一次関数であることからすぐに導くことができます。次に、$[0, 1]$ はコンパクトですので、定理 4.8.6 を用いると h^{-1} の連続性

が分かります。したがって、$[0,1] \cong \overline{PQ}$ が示されました。定理 4.8.2 (3) より任意の線分が位相同型であることが分かります。

次に (2) の解説です。ここでは $\triangle ABC$ で A, B, C を頂点とする 3 角形の周を表すことにします。$\triangle ABC$ を座標平面内で次のような配置で考えることにします。まず、$\triangle ABC$ の周上に原点がないようにします。そして、R を十分大きく取ると C_R が $\triangle ABC$ を含むように取ることができます。次の図のようになります。

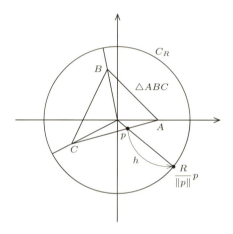

このとき、$h : \mathbb{R}^2 - \{O\} \longrightarrow C_R$ を $h(x_1, x_2) = \dfrac{R}{||(x_1, x_2)||}(x_1, x_2)$ と定義すると、

$$h(x_1, x_2) = \left(\frac{Rx_1}{\sqrt{x_1^2 + x_2^2}}, \frac{Rx_2}{\sqrt{x_1^2 + x_2^2}} \right)$$

となります。したがって、3.2.4 節の定理 3.2.26, 3.2.27, 3.2.29 などを用いると写像 h が連続であることを示すことができます。このとき、制限写像 $h|_{\triangle ABC} : \triangle ABC \longrightarrow C_R$ が定義できて、系 3.2.24 よりこの写像も連続です。さらに、写像 $h|_{\triangle ABC}$ が全単射であることを示すことができます (これは読者への宿題とします)。$\triangle ABC$ はコンパクトですから、定理 4.8.6 を用いると逆写像 h^{-1} が連続であることが分かります。したがって、h は位相同型で $\triangle ABC \cong C_R$ が証明できました。 □

問題 4.8.10 平面内の 3 角形と 4 角形は位相同型であることを示しなさい。

　位相同型写像とは直感的にはどのようなものと理解したら良いのでしょうか。上の円周と 3 角形の位相同型の例を見てみると、3 角形が非常に柔らかい可塑的な針金で作られていると見做してグニュグニュと曲げて 3 つの角を伸ばし辺を曲げて円周に変形するといった過程を経てお互いが位相同型であることを示しています。3 次元の図形であればそれが粘土で作られているものとして、変形して別の図形になるとき変形の前と後の図形が位相同型になるのです。変形の途中、図形を引き裂くことや違う点同士をくっつけることは禁止されます。前者の行為は写像の連続性を損ないますし、後者は単射性を損ないます。このような変形で、例えば、コーヒーカップとドーナツは位相同型であることを次の図から直感的に理解できます。

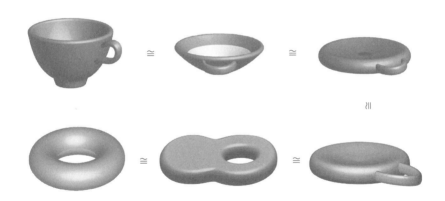

しかし、実在の図形に位相同型写像を作るのは一般には骨の折れる作業です。

　次の例は $S^1 \times S^1$ とドーナツの表面 (トーラス) が位相同型になるという話です。$S^1 \times S^1$ は 4 次元ユークリッド空間 $\mathbb{R}^4 = \mathbb{R}^2 \times \mathbb{R}^2$ の中の図形ですが、それが 3 次元ユークリッド空間 $\mathbb{R}^3$ の中のドーナツの表面と位相同型になることが示せます。

例 4.8.11 4 次元ユークリッド空間 $\mathbb{R}^4$ 内のトーラス $S^1 \times S^1$ は 3 次元ユークリッド空間 $\mathbb{R}^3$ 内の「ドーナツの表面」と位相同型である。

解説 例文の中の「ドーナツの表面」という言い回しが数学的に正確ではありませんが、ここでは下の図のような図形 T を考えているものとします。

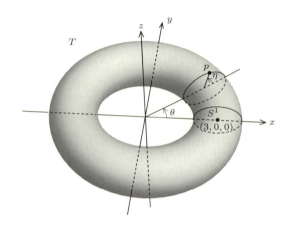

T 上の点と $S^1 \times S^1$ 上の点はパラメーター θ, η ($0 \leq \theta < 2\pi$, $0 \leq \eta < 2\pi$) を用いて、それぞれが含まれているユークリッド空間 $\mathbb{R}^3$, $\mathbb{R}^2 \times \mathbb{R}^2$ の座標で

$$((3+\cos\theta)\cos\eta, (3+\cos\theta)\sin\eta, \sin\theta), \quad ((\cos\theta, \sin\theta), (\cos\eta, \sin\eta))$$

と一意に表現することができます。これらの点をそれぞれ $q_{\theta,\eta}$, $p_{\theta,\eta}$ と書くことにします。ここで、次のような写像の可換図式を考えます。

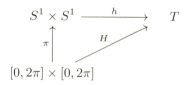

ただし、先ほどの $p_{\theta,\eta}$, $q_{\theta,\eta}$ で、$\pi(\theta,\eta) = p_{\theta,\eta}$, $h(p_{\theta,\eta}) = q_{\theta,\eta}$、そして、$H = h \circ \pi$ と定義するものとします。H, π が連続であることは H, π の成分表示が3角関数の多項式で表されていることなどから定理 3.2.29 を用いて、これまでと同様に示すことができます。このとき、h が全単射になることは $p_{\theta,\eta}$, $q_{\theta,\eta}$ のパラメータ表示の一意性から明らかです。H, π は全射ですが単射にはならないことに注意してください。ここで、任意に与えられた T の閉集合 F を取ると、H の連続性から $H^{-1}(F)$ は $[0, 2\pi] \times [0, 2\pi]$ で閉、したがってコンパクト

です。また、$H^{-1}(F) = \pi^{-1}(h^{-1}(F))$ ですが π の全射性より問題 2.2.25 を用いて、$\pi(H^{-1}(F)) = h^{-1}(F)$ となります。定理 4.6.22 よりこの集合はコンパクトなので、$S^1 \times S^1$ の閉集合です。したがって、h が連続であることが示されました。$S^1 \times S^1$ はコンパクトですから、定理 4.8.6 より h は位相同型写像であることが分かります。 □

注意 4.8.12 上で展開した議論はこの本では扱わない「商空間」の概念の元に一般化されます ([15], [16] 参照)。

問題 4.8.13 上記説明中で $q = (x, y, z)$ と置いて、パラメータを消去すると x, y, z の関係式 $(\sqrt{x^2 + y^2} - 3)^2 + z^2 = 1$、すなわち、

$$T = \{(x, y, z) \mid (\sqrt{x^2 + y^2} - 3)^2 + z^2 = 1\} \tag{4.2}$$

が得られることを示しなさい。

問題 4.8.14 $\mathbb{R}^3$ 内の円筒 $[0, 1] \times S^1$ と $\mathbb{R}^2$ 内の $\{(x, y) \mid r^2 \le x^2 + y^2 \le R^2\}$ $(0 < r < R)$ (**アニュラス** (annulus) と呼ばれます) は位相同型であることを示しなさい。

下の図が解法のヒントです。

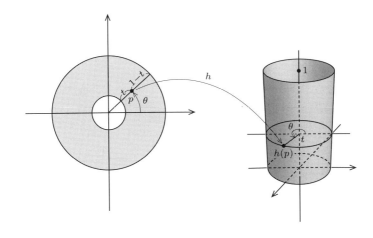

★ 4.8.3 位相不変性

2つの図形が位相同型でないことを言うにはどのようにするのでしょう。位相同型写像が存在しないことを示す必要があるのです。部分空間 X の性質や付随する量を $\mu(X)$ と表すことにして、

$$X \cong Y \text{ ならば } \mu(X) \text{ と } \mu(Y) \text{ が同じ}$$

という形の命題が正しいとき、μ を**位相不変量** (**位相不変な性質**)(topological invariant) といいます。例えば、コンパクト性、連結性や弧状連結性はこのような位相不変な性質ということができます (定理 4.6.22, 定理 4.7.27, 定理 4.7.45)。この本では扱いませんが、図形の基本群、ホモロジー群などが代表的な位相不変量です ([15], [16], [17], [18] 参照)。先ほどの命題の対偶を取ると

$$\mu(X) \text{ と } \mu(Y) \text{ が異なるならば } X \not\cong Y$$

となります。この命題を利用して、与えられた2つの図形が位相同型でないことを示します。片方がコンパクトでもう一方がコンパクトでない、あるいは片方が連結 (弧状連結) でもう一方が連結 (弧状連結) でないような2つの図形は位相同型ではないのです。

例 4.8.15 (1) 閉区間 $[a,b]$ と次の集合は位相同型ではありません。(c,d), $[c,d)$, $[c,\infty)$, $\mathbb{R}$。

(2) $(a,b) \not\cong [a,b]$

(3) 例 3.1.19(3) における集合 X と $[a,b]$ は位相同型ではありません。

解説 まず (1) を示します。例えば、$[a,b] \cong (c,d)$ であると仮定します。つまり位相同型写像 $h : [a,b] \longrightarrow (c,d)$ が存在するとします。定理 4.6.22 よりコンパクト集合の連続像はコンパクトですから $h([a,b])$ はコンパクトです。しかし、すでに示したように (c,d) はコンパクトではありませんので矛盾が生じます。したがって、背理法により $[a,b] \not\cong (c,d)$ が示されました。$[a,b] \not\cong [c,d)$, $[c,\infty)$, $\mathbb{R}$ も同様に示すことができます。

次に (2) を示します。背理法で示すことにして、$(a,b) \cong [c,d)$ と仮定しま

す。このとき、同相写像 $h : [c,d] \longrightarrow (a,b)$ が存在します。次のような可換図式を考えます。

$$\begin{array}{ccc} [c,d] & \xrightarrow{h} & (a,b) \\ {\scriptstyle \iota_1}\uparrow & & \uparrow{\scriptstyle \iota_2} \\ (c,d) & \xrightarrow{h|_{(c,d)}} & (a,b) - \{h(c)\} \end{array}$$

ここで、ι_1, ι_2 は包含写像です。可換図式より $h|_{(c,d)}$ は位相同型写像であることが分かります。(c,d) は連結なので、$h|_{(c,d)}((c,d))$ は定理 4.7.27 より連結なはずですが、$h|_{(c,d)}((c,d)) = (a,b) - \{h(c)\}$ となりこれは連結ではありません。矛盾を得ますので $(a,b) \not\cong [c,d]$ が示されました。

最後に (3) を示しましょう。X と $[a,b]$ が位相同型であったとして、位相同型写像 $h : [a,b] \longrightarrow X$ が存在したとします。$[a,b]$ は弧状連結なので定理 4.7.45 より $h([a,b]) = X$ は弧状連結ということになりますが、例 4.7.52 より X は弧状連結ではありません。したがって、$X \not\cong [a,b]$ が示されました。 □

問題 4.8.16 次のことを示しなさい。

(1) 1 次元ユークリッド空間 $\mathbb{R}$ と 2 次元ユークリッド空間 $\mathbb{R}^2$ は位相同型ではありません。

(2) m 次元単位円板 $D_r = \{(x_1, \cdots, x_m) \mid x_1^1 + \cdots + x_m^2 \leq r^2\}$ は任意の点 p の近傍 $N_R(p; \mathbb{R}^m)$, m 次元ユークリッド空間 $\mathbb{R}^m$ と位相同型ではありません。

(3) 1 次元単位球面 S^1 と $[0,1]$ は位相同型ではありません。

もう少し複雑な図形が位相同型ではないことを示してみましょう。その際、次の定理が有効です。

定理 4.8.17 部分空間 X, Y が位相同型とする。X と Y の連結成分 (弧状連結成分) がいずれも有限個ならば、その数は一致する。

証明 位相同型写像を $h : X \longrightarrow Y$ とします。X, Y の連結成分 (弧状連結

成分) への分解を $X = X_1 \cup \cdots \cup X_k$, $Y = Y_1 \cup \cdots \cup Y_\ell$ とします。背理法を用いることにして $k \neq \ell$ と仮定します。一般性を失うことなく $k < \ell$ とできます。任意の i に対して、定理 4.7.27、定理 4.7.45 より、$h(X_i)$ は連結集合 (弧状連結集合) なので、連結 (弧状連結) 成分の定義から $\exists j_i \quad h(X_i) \subset Y_{j_i}$ となります。したがって、$h(X) \subset Y_{j_1} \cup \cdots \cup Y_{j_k}$ ですが、$k < \ell$ より $h(X) \subset Y_{j_1} \cup \cdots \cup Y_{j_k} \subsetneq Y$ となり不合理です。したがって、$k = \ell$ を得ます。 □

例 4.8.18 $[0,1]$ と下図の図形 Y は位相同型ではありません。

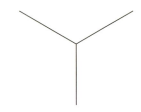

解説 2つの図形が位相同型であるとして、位相同型 $h: Y \longrightarrow [0,1]$ が存在したとします。図形 Y の中央の点を c とします。このとき、次のような可換図式を考えます。

$$\begin{array}{ccc} Y & \xrightarrow{h} & [0,1] \\ {\scriptstyle \iota_1}\uparrow & & \uparrow{\scriptstyle \iota_2} \\ Y - \{c\} & \xrightarrow{h|_{Y-\{c\}}} & [0,1] - \{h(c)\} \end{array}$$

ここで、ι_1, ι_2 はそれぞれ包含写像です。$h|_{Y-\{c\}}$ が位相同型写像であることが可換図式より分かります。$Y - \{c\}$ の連結成分は 3 であることは明らかです。

一方、$[0,1] - h(c)$ は $h(c) = 0$, $h(c) = 1$ の場合は連結成分が 1 個だけですが、そうでないときでも連結成分は 2 個しかありません。$h|_{Y-\{c\}}$ は位相同型写像ですから定理 4.8.17 より、連結成分の数は不変のはずです。不合理を得ますので結論を得ます。 □

問題 4.8.19 次に与えられた直線と円周で与えられた図形を位相同型で分類し

てください。位相同型ではないものについては説明を要しますが、位相同型であるものについては説明は必要とせず直感的な理解で結構です。

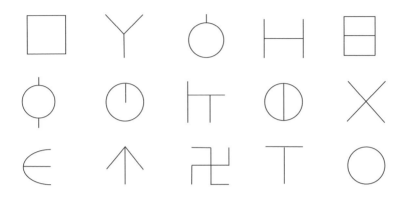

問題 4.8.20 下で与えられたアルファベットの大文字を位相同型でグループ分けしなさい。全問と同じく、位相同型でないものについては説明を要しますが、位相同型なものについては説明は必要とせず直感的な理解で結構です。

ABCDEFGHIJKLM
NOPQRSTUVWXYZ

　最後に、今後の勉強につながる例を紹介して筆を擱くことにしましょう。読者の皆さんは、この本で解説してきた方法を用いれば少々複雑な図形でも位相同型であるかないかを判定できると考えているかもしれません。しかし、それは大きな間違いです。例えば、2 次元球面 S^2 と 2 次元トーラス $S^1 \times S^1$ は位相同型ではないことが知られていますが、この事実はこの本の内容では証明できません。また、問題 4.8.16 (1) で挙げたように $\mathbb{R} \not\cong \mathbb{R}^2$ で、これは集合の連結性に関する定理から導くことができます。実は、一般に任意の自然数 m, n に対して、$\mathbb{R}^m \not\cong \mathbb{R}^n$ ($m \neq n$) が成立することが知られていますが、この事実

も本書の内容では証明できないのです。コンパクトや連結といった位相不変量だけでは不十分なのです。

次に、もう 1 つ例を紹介します。今、$\mathbb{R}^3$ 内に 2 つの図形 $\mathcal{T}$ と S^1 を考えます。$\mathcal{T}$ は Trefoil knot と呼ばれている図形で紐が絡まりあって輪になっています。S^1 はおなじみの図形で輪ゴムのような形をしています。この 2 つの図形を下の図のように 2 つの部分に分割します。

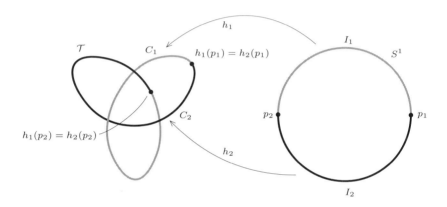

$\mathcal{T}$ を C_1, C_2 に分割しそれぞれ 2 点 $h_1(p_1)$ と $h_2(p_2)$ を共有して繋がっているものとします。S^1 は I_1, I_2 に分けられて、やはり 2 点 p_1, p_2 を共有して繋がっているものとします。これらの部分はいずれも両端を持って引っ張ってやると線分になりますので、位相同型の推移律から C_1 と I_1、C_2 と I_2 の間には位相同型があるはずです。それらの位相同型写像を $h_1 : I_1 \longrightarrow C_1$, $h_2 : I_2 \longrightarrow C_2$ とします。このとき、写像 $h : S^1 \longrightarrow \mathcal{T}$ を次のように定義すると

$$h(p) = \begin{cases} h_1(p) & (p \in I_1) \\ h_2(p) & (p \in I_2) \end{cases}$$

h_1, h_2 は共通の定義域 $\{p_1\}, \{p_2\}$ では同じ値を取るので写像として定義できます。そして、h が全単射になることは定義の仕方から明らかでしょう。I_1, I_2 は S^1 の閉集合ですので、定理 4.7.42 より h は連続で、さらに定理 4.8.6 より h^{-1} も連続になることが分かります。したがって、h は位相同型写像で、$\mathcal{T} \cong$

S^1 となります。

　この結果をどうのように感じますか？ 人によっては違和感を覚える人もいるのではないでしょうか。$\mathcal{T}$ と S^1 がある意味同じ (位相同型) と言われてもこの 2 つの図形は明らかに図形的に異質なものを持っている、と感じる人もいるでしょう。しかし、とにかく位相同型という見方では「同じ」なのです。一方、これらの図形が「異なる」という見方も用意されていますが、そのような概念を説明するためにはもう少し位相の勉強を深めてゆく必要があります。定番の教科書では、この本の内容を勉強した後、「基本群」、「ホモロジー群」([15], [16], [17], [18] 参照) などの位相不変量を学びそれを武器に様々な概念を学んでゆくことになります。この本では説明できませんでしたが、さらに勉強を進めていけばこのような興味深い面白い現象をたくさん経験することができます。この本の読者がさらなる数学の大海原に船を乗り出すことを期待します。頑張ってください。

略解、ヒント

第1章

1.1.4 同値

$\boxed{\text{問題 1.1.9}}$ P の n 回の否定を $\sim^n P$ と表す。数学的帰納法による証明をする。$\sim^0 P = P$, $\sim^1 P = \sim P$ である。

(i) $n = 0, 1$ のとき成立することは先に見た通りである。

(ii) $n \leq k$ のとき成立するとして、$n = k+1$ のときを考える。

(a) $k+1$ が偶数のとき, すなわち、k が奇数のとき、

$$\sim^{k+1} P = \sim(\sim^k P) \equiv \sim(\sim P) \equiv P.$$

(b) $k+1$ が奇数のとき, すなわち、k が偶数のとき、

$$\sim^{k+1} P = \sim(\sim^k P) \equiv \sim P.$$

$\boxed{\text{問題 1.1.11}}$ (1), (2) は各自真理表で確認せよ。(4) を真理表を書いて証明する。

P	Q	R	$P \vee Q$	$Q \vee R$	$P \vee (Q \vee R)$	$(P \vee Q) \vee R$
1	1	1	1	1	1	1
1	1	0	1	1	1	1
1	0	1	1	1	1	1
0	1	1	1	1	1	1
1	0	0	1	0	1	1
0	1	0	1	1	1	1
0	0	1	0	1	1	1
0	0	0	0	0	0	0

$P \vee (Q \vee R)$ と $(P \vee Q) \vee R$ の真理値が一致するので、これらは互いに同値であることが分かる。

$\boxed{\text{問題 1.1.14}}$ 問題 1.1.11 と同じように真理表を書いて証明せよ。

$\boxed{\text{問題 1.1.15}}$ $P_1 \wedge (Q_1 \vee \cdots \vee Q_n) \equiv (P_1 \wedge Q_1) \vee \cdots \vee (P_1 \wedge Q_n)$ が成り立つことを数学的帰納法で証明する。

(i) $n = 1$ のときは自明である。$n = 2$ のとき成立することは既に見た通り。

(ii) $n \leq k$ のとき成立するとして、$n = k+1$ のときを考える。

$$P_1 \wedge (Q_1 \vee \cdots \vee Q_k \vee Q_{k+1})$$
$$\equiv P_1 \wedge ((Q_1 \vee \cdots \vee Q_k) \vee Q_{k+1})$$
$$\equiv (P_1 \wedge (Q_1 \vee \cdots \vee Q_k)) \vee (P_1 \wedge Q_{k+1})$$
$$\equiv ((P_1 \wedge Q_1) \vee \cdots \vee (P_1 \wedge Q_k)) \vee (P_1 \wedge Q_{k+1})$$
$$\equiv (P_1 \wedge Q_1) \vee \cdots \vee (P_1 \wedge Q_{k+1}).$$

したがって、任意の自然数 n に対して成立することが分かる。

$P_1 \vee (Q_1 \wedge \cdots \wedge Q_n) \equiv (P_1 \vee Q_1) \wedge \cdots \wedge (P_1 \vee Q_n)$ についても同様に示すことができる。

1.1.5 ド・モルガンの法則

問題 1.1.17　(1) と同様に真理表を書けば分かる。

問題 1.1.19　(1) を数学的帰納法で証明する。

(i) $n = 1$ のときは何も証明することはない。$n = 2$ のとき定理 1.1.16 (1) で既に示されている。

(ii) $n \leq k$ のとき成立するとして、$n = k+1$ のときを考える。

$$\sim(P_1 \wedge P_2 \wedge \cdots \wedge P_{k+1})$$
$$\equiv \sim((P_1 \wedge P_2 \wedge \cdots \wedge P_k) \wedge P_{k+1})$$
$$\equiv \sim(P_1 \wedge P_2 \wedge \cdots \wedge P_k) \vee (\sim P_{k+1})$$
$$\equiv ((\sim P_1) \vee (\sim P_2) \vee \cdots \vee (\sim P_k)) \vee (\sim P_{k+1})$$
$$\equiv (\sim P_1) \vee (\sim P_2) \vee \cdots \vee (\sim P_{k+1}).$$

したがって、任意の自然数 n に対して成立することが分かる。

(2) も (1) と同様の方法で数学的帰納法で証明できる。

問題 1.1.20　(1) を 2 通りの方法で示す。

- $\sim((P \wedge Q) \vee R) \equiv \sim((P \vee R) \wedge (Q \vee R)) \equiv (\sim(P \vee R)) \vee (\sim(Q \vee R))$
$$\equiv ((\sim P) \wedge (\sim R)) \vee ((\sim Q) \wedge (\sim R))$$

- $\sim((P \wedge Q) \vee R) \equiv \sim(P \wedge Q) \wedge (\sim R) \equiv ((\sim P) \vee (\sim Q)) \wedge (\sim R)$
$$\equiv ((\sim P) \wedge (\sim R)) \vee ((\sim Q) \wedge (\sim R))$$

(2) も同様に証明できる。

1.1.6 条件命題

問題 1.1.24　例 1.1.23 を適用して (1) を示す。

$$\sim(P \wedge Q \to R) \equiv \sim(\sim(P \wedge Q) \vee R) \equiv (P \wedge Q) \wedge (\sim R)$$

(2), (3), (4) は同様に示すことができる。

1.1.7 必要条件と十分条件

問題 1.1.28　定理 1.1.27 と同様に真理表を書いて示すことができる。

1.1.8 命題の証明

問題 1.1.33

直接法: $x^2 \geq 0$, $y^2 \geq 0$ なので $0 \leq x^2 = -y^2 \leq 0$。したがって、$x^2 = y^2 = 0$ で $x = y = 0$ となる。

対偶法:「($x \neq 0$ または $y \neq 0$) ならば $x^2 + y^2 \neq 0$」を示す。$x \neq 0$ が真であるとする。このとき、$x^2 > 0$, $x^2 + y^2 > 0$ なので $x^2 + y^2 \neq 0$ が真となる。次に、$y \neq 0$ が真であるとする。このとき、$y^2 > 0$, $x^2 + y^2 > 0$ なので $x^2 + y^2 \neq 0$ が真となる。定理 1.1.31 より命題が正しいことになる。

背理法: 結論を否定する。つまり、$x \neq 0$ または $y \neq 0$ とする。このとき $0 < x^2 + y^2 = 0$ となり偽。よって、命題が正しいことが示された。

1.2.1 命題関数

問題 1.2.3

(1) $x =$ 男子のときは、$P(x)$ は真、$x =$ 女子のときは $P(x)$ は偽となる。

(2) 津田塾大ではいつでも $x =$ 女子なので $P(x)$ は偽。

(3) x, y の範囲が実数のとき、問題 1.1.33 で証明したように $Q(x, y)$ は真。

(4) x, y の範囲が複素数のとき、$x = 1$, $y = i$ のとき $x^2 + y^2 = 1 + (-1) = 0$ となるので、$Q(x, y)$ は偽。

1.2.2 全称命題

問題 1.2.9　(1) を示す。x の動く範囲が $x_1, \cdots, x_k$ のとき、系 1.1.12 より

$$(\forall x \ (x = x_1, \cdots, x_k) \quad P(x)) \wedge (\forall x \ (x = x_1, \cdots, x_k) \quad Q(x))$$
$$\equiv (P(x_1) \wedge \cdots \wedge P(x_k)) \wedge (Q(x_1) \wedge \cdots \wedge Q(x_k))$$
$$\equiv (P(x_1) \wedge Q(x_1)) \wedge \cdots \wedge (P(x_k) \wedge Q(x_k))$$
$$\equiv (\forall x \ (x = x_1, \cdots, x_k) \quad (P(x) \wedge Q(x)).$$

となる。(2) も同様に系 1.1.12 を用いて示すことができる。

問題 1.2.17 (1) x の動く範囲が $x_1, \cdots, x_k$ のとき、系 1.1.12 と問題 1.1.15 を用いて

$$(\exists x \ (x = x_1, \cdots, x_k) \quad P(x)) \vee (\exists x \ (x = x_1, \cdots, x_k) \quad Q(x))$$
$$\equiv (P(x_1) \vee \cdots \vee P(x_k)) \vee (Q(x_1) \vee \cdots \vee Q(x_k))$$
$$\equiv (P(x_1) \vee Q(x_1)) \vee \cdots \vee (P(x_k) \vee Q(x_k))$$
$$\equiv \exists x \ (x = x_1, \cdots, x_k) \quad P(x) \vee Q(x)$$

となる。

(2) $k = 2$ の場合を示す。一般の k に対しても同様に示すことができる。

$$(\exists x \ (x = x_1, x_2) \quad P(x)) \wedge (\exists x \ (x = x_1, x_2) \quad Q(x))$$
$$\equiv (P(x_1) \vee P(x_2)) \wedge (Q(x_1) \vee Q(x_2))$$
$$\equiv (P(x_1) \wedge Q(x_1)) \vee (P(x_1) \wedge Q(x_2)) \vee (P(x_2) \wedge Q(x_1)) \vee (P(x_2) \wedge Q(x_2))$$

一方、

$$(\exists x \ (x = x_1, x_2) \quad P(x) \wedge Q(x))$$
$$\equiv (P(x_1) \wedge Q(x_1)) \vee (P(x_2) \wedge Q(x_2))$$

よって、結論を得る。

第 2 章

2.1.3 集合の演算

問題 2.1.13 $A \cup (B \cap C) = (A \cup B) \cap (A \cup C)$ を示す。定理 1.1.13 (2) の分配法則を用いて

$$A \cup (B \cap C) = \{x \mid x \in A \vee x \in B \cap C\}$$
$$= \{x \mid x \in A \vee (x \in B \wedge x \in C)\}$$
$$= \{x \mid (x \in A \vee x \in B) \wedge (x \in A \vee x \in C)\}$$
$$= \{x \mid x \in A \cup B \wedge x \in A \cup C\}$$
$$= (A \cup B) \cap (A \cup C)$$

$A \cap (B \cup C) = (A \cap B) \cup (A \cap C)$ も定理 1.1.13 (1) の分配法則を用いて同様に証明できる。

2.1.4 集合族

問題 2.1.19 (1) $\forall x \in X$ とする。仮定から $\exists \lambda_0 \in \Lambda \quad X \subset A_{\lambda_0}$ なので $x \in A_{\lambda_0}$ となる。集合の和の定義から $x \in \bigcup_{\lambda \in \Lambda} A_\lambda$ となる。

(2) $\forall x \in \bigcup_{\lambda \in \Lambda} A_\lambda$ とする。集合の和の定義から $\exists \lambda_0 \in \Lambda$ $x \in A_{\lambda_0}$。また仮定から $A_{\lambda_0} \subset X$ なので $x \in X$ となる。

(3) $\forall x \in \bigcap_{\lambda \in \Lambda} A_\lambda$ とする。集合の共通部分の定義から $\forall \lambda \in \Lambda$ $x \in A_\lambda$。一方、仮定から $\exists \lambda_0 \in \Lambda$ $A_{\lambda_0} \subset X$ なので、特に $x \in A_{\lambda_0} \subset X$ となる。

(4) $\forall x \in X$ とする。仮定から $\forall \lambda \in \Lambda$ $X \subset A_\lambda$ なので、$\forall \lambda \in \Lambda$ $x \in A_\lambda$ となる。したがって、集合の共通部分の定義から $x \in \bigcap_{\lambda \in \Lambda} A_\lambda$ となる。

(5) $\forall \lambda \in \Lambda$ とし、さらに $\forall x \in X$ とすると仮定から $x \in \bigcap_{\lambda \in \Lambda} A_\lambda$ となる。集合の共通部分の定義から $x \in A_\lambda$ となる。

(6) $\forall \lambda \in \Lambda$ とし、さらに $\forall x \in A_\lambda$ とすると定義から $x \in \bigcup_{\lambda \in \Lambda} A_\lambda$ となる。また、仮定から $\bigcup_{\lambda \in \Lambda} A_\lambda \subset X$ なので $x \in X$ が分かる。

(7) $\forall \lambda \in \Lambda$ とする。(1) で $X = A_\lambda$ とすれば $A_\lambda \subset \bigcup_{\lambda \in \Lambda} A_\lambda$ となる。

(8) $\forall \lambda \in \Lambda$ とする。(3) で $X = A_\lambda$ とすれば $\bigcap_{\lambda \in \Lambda} A_\lambda \subset A_\lambda$ となる。

(9) $\forall \lambda_0 \in \Lambda$ とする。(8) より $\bigcap_{\lambda \in \Lambda} A_\lambda \subset A_{\lambda_0}$ となり、(7) から $A_{\lambda_0} \subset \bigcup_{\lambda \in \Lambda} A_\lambda$ となる。これをつなげて $\bigcap_{\lambda \in \Lambda} A_\lambda \subset \bigcup_{\lambda \in \Lambda} A_\lambda$ が得られる。

$\boxed{\text{問題 2.1.22}}$ (1) $\forall (x, y) \in \bigcup_{n \in \mathbb{N}} A_n$ に対して、集合の和の定義から

$$\exists n \in \mathbb{N} \quad (x, y) \in A_n = \left\{(x, y) \,\middle|\, x^2 + y^2 \leq 1 - \frac{1}{n}\right\}$$

となる。$1 - \dfrac{1}{n} < 1$ なので $(x, y) \in \{(x, y) \mid x^2 + y^2 < 1\}$ となる。

次に逆の包含関係を示す。$\forall (x, y) \in \{(x, y) \mid x^2 + y^2 < 1\}$ に対して、アルキメデスの原理から $\exists N \in \mathbb{N}$ $N(1 - (x^2 + y^2)) > 1$、つまり $x^2 + y^2 < 1 - \dfrac{1}{N}$ となる。したがって、$(x, y) \in A_N$ で、$(x, y) \in \bigcup_{n \in \mathbb{N}} A_n$ となる。

(2) $\forall (x, y) \in \bigcap_{n \in \mathbb{N}} B_n$ に対して、集合の共通部分の定義から

$$\forall n \in \mathbb{N} \quad (x, y) \in B_n = \left\{(x, y) \,\middle|\, x^2 + y^2 < 1 + \frac{1}{n}\right\}$$

結論を否定して $(x,y) \notin \{(x,y) \mid x^2+y^2 \leq 1\}$ と仮定する (背理法の仮定)。このとき $x^2+y^2 > 1$ となるが、アルキメデスの原理から $\exists N \in \mathbb{N}$ $N(x^2+y^2-1) > 1$、つまり $1 + \dfrac{1}{N} < x^2+y^2$ となる。これは $(x,y) \notin B_N$ を意味しており、仮定に矛盾する。よって $(x,y) \in \{(x,y) \mid x^2+y^2 \leq 1\}$ であることが示された。

逆の包含関係を示す。$\forall (x,y) \in \{(x,y) \mid x^2+y^2 \leq 1\}$ とする。このとき $\forall n \in \mathbb{N}$ $1 < 1 + \dfrac{1}{N}$ なので、$\forall n \in \mathbb{N}$ $(x,y) \in B_n$ となる。したがって、定義から $(x,y) \in \bigcap_{n \in \mathbb{N}} B_n$ となる。

問題 2.1.24 (2) も (1) と同様に既に証明した論理のド・モルガンの定理 2.1.23 を用いれば良い。

$$\begin{aligned}
\forall x \quad (\quad & x \in X - \bigcap_{\lambda \in \Lambda} A_\lambda \leftrightarrow x \in X \wedge x \notin \bigcap_{\lambda \in \Lambda} A_\lambda \\
&\leftrightarrow x \in X \wedge \sim (\forall \lambda \quad x \in A_\lambda) \\
&\leftrightarrow x \in X \wedge (\exists \lambda \quad x \notin A_\lambda) \\
&\leftrightarrow \exists \lambda \quad (x \in X \text{ かつ } x \notin A_\lambda) \\
&\leftrightarrow \exists \lambda \quad x \in X - A_\lambda \\
&\leftrightarrow x \in \bigcup_{\lambda \in \Lambda} (X - A_\lambda) \quad)
\end{aligned}$$

が成立する。したがって、$\subset$ と $\supset$ が同時に示された。

問題 2.1.25 まず (1) を示す。

$$C_n = \mathbb{R}^2 - \left\{(x,y) \,\middle|\, x^2+y^2 \leq 1 - \frac{1}{n}\right\} = \mathbb{R}^2 - A_n$$

に注意。ここで A_n は問題 2.1.22 (1) での $A_n = \left\{(x,y) \,\middle|\, x^2+y^2 \leq 1 - \dfrac{1}{n}\right\}$ である。ド・モルガンの定理 2.1.23 と問題 2.1.22 (1) の結果を使うと

$$\bigcap_{n \in \mathbb{N}} C_n = \bigcap_{n \in \mathbb{N}} (\mathbb{R}^2 - A_n) = \mathbb{R}^2 - \bigcup_{n \in \mathbb{N}} A_n = \mathbb{R}^2 - \{(x,y) \mid x^2+y^2 < 1\}$$
$$= \{(x,y) \mid x^2+y^2 \geq 1\}$$

となる。

次に (2) を示す。

$$D_n = \mathbb{R}^2 - \left\{(x,y) \,\middle|\, x^2+y^2 < 1 + \frac{1}{n}\right\} = \mathbb{R}^2 - B_n$$

に注意。ここで B_n は問題 2.1.22 (2) での $B_n = \left\{(x,y) \,\middle|\, x^2 + y^2 < 1 + \dfrac{1}{n}\right\}$ である。ド・モルガンの定理 2.1.23 と問題 2.1.22(2) の結果を使うと

$$\bigcup_{n\in\mathbb{N}} D_n = \bigcup_{n\in\mathbb{N}} (\mathbb{R}^2 - B_n) = \mathbb{R}^2 - \bigcap_{n\in\mathbb{N}} B_n = \mathbb{R}^2 - \{(x,y) \mid x^2 + y^2 \leq 1\}$$
$$= \{(x,y) \mid x^2 + y^2 > 1\}$$

となる。

2.2.1 写像の定義

問題 2.2.3 (1) この対応は 2 つの理由で写像になっていない。まずはじめに $-1 \in \mathbb{R}$ のような負の実数に対して、2 乗して -1 となる実数は存在しないので、定義域 $\mathbb{R}$ の任意の元に対して対応先が定まっていない。次に、$x = 1$ のように $x > 0$ であっても、2 乗して 1 となる実数は 1 と -1 の 2 つがあり、1 に対しては、ただ 1 つの元が対応していない。

(2) $x \geq 0$ であっても (1) で見たように、$x > 0$ のとき 2 乗して x となる実数は 2 つあり、ただ 1 つの元が対応していないので、写像ではない。

(3) $x = 0$ のとき 2 乗して x となる実数は 0 のみ。$x > 0$ に対して 2 乗して x となる実数は 2 つあり，一方は正で他方は負である。したがって、2 乗して x になる 0 以上の実数はただ 1 つ存在するので、この対応は写像になっている。

問題 2.2.4 (1) 線形代数学で学ぶ基底の定義を思い出そう。$v_1, \cdots, v_k$ がベクトル空間 V の基底であるので V の任意の元は線形結合で $v = c_1 v_1 + \cdots + c_k v_k$ で表すことができ、さらにその表示は一意的。つまり $(c_1, \cdots, c_k)$ は v に対して一意的に定まる。したがって、この対応は写像になる。

(2) 閉円板 D の任意の点 x と原点を結ぶ直線は D の周と原点に関して点対称な 2 点で交わるので、この対応は写像になっていない。

2.2.2 写像の像・逆像

問題 2.2.9 結果のみ与えておく。

$$f\left(\left[-\frac{\pi}{6}, \frac{\pi}{3}\right]\right) = \left[\frac{1}{2}, 1\right],$$
$$f^{-1}\left(\left[-\frac{\sqrt{3}}{2}, -\frac{1}{\sqrt{2}}\right]\right) = \left[-\frac{5}{6}\pi, -\frac{3}{4}\pi\right] \cup \left[\frac{3}{4}\pi, \frac{5}{6}\pi\right]$$

例 2.2.8 にならって丁寧な証明を試みよ。

問題 2.2.10 写像 f のグラフ $\{(x,y) \mid y = \sin x \ (-\pi \leq x \leq \pi)\}$ を描くと次ページ上の図のようになる。

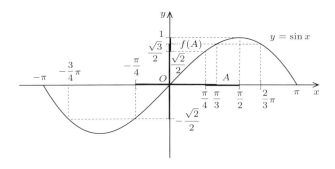

図より

$$f(A) = \left[\frac{\sqrt{2}}{2}, 1\right],$$
$$f^{-1}(B) = \left[-\pi, -\frac{3}{4}\pi\right] \cup \left[-\frac{\pi}{4}, \frac{\pi}{3}\right] \cup \left[\frac{2}{3}\pi, \pi\right]$$

となる。

問題 2.2.11 (1) 下図から $1 : x = \frac{1}{2} : x - \frac{\sqrt{3}}{2}$ なので、$x = \sqrt{3}$. したがって、$\pi(A_1)$ は xy–平面上の原点を中心とする半径 $\sqrt{3}$ の円である。$\pi(A_1) = \{(x, y) \mid x^2 + y^2 = 3\}$。

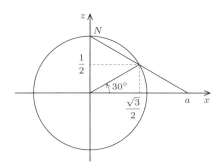

(2) は (1) と同様に考えれば $\pi(A_1)$ は xy–平面上の原点を中心とする半径 $\frac{\sqrt{3}}{3}$ の円であることが分かる。

(3) 東経 $45°$ の経線は半平面 $\{(x, y, z) \mid y = x$ かつ $x \geq 0\}$ と 2 次元単位球面 S^2 の共通部分である。したがって、$\pi(A_3) = \{(x, y) \mid y = x$ かつ $x \geq 0\}$ となる。

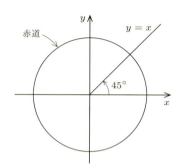

(4) 前問 (3) と同様に考えれば、西経 30° の経線は 2 次元単位球面 S^2 と半平面 $\left\{(x,y,z) \,\middle|\, y = -\dfrac{\sqrt{3}}{3}x \text{ かつ } x \geq 0\right\}$ の共通部分である。

$$\pi(A_4) = \left\{(x,y) \,\middle|\, y = -\frac{\sqrt{3}}{3}x \text{ かつ } x \geq 0\right\}$$

となる。

(5) $1 : 2 = \sqrt{1-x^2} : 2-x$ なので、$x = \dfrac{4}{5}$ である。$z = \sqrt{1-x^2} = \sqrt{1 - \dfrac{16}{25}} = \dfrac{3}{5}$。したがって、$\pi^{-1}(B_1)$ は 2 次元単位球面 S^2 と平面 $\left\{(x,y,z) \,\middle|\, z = \dfrac{3}{5}\right\}$ の共通部分である。$\pi^{-1}(B_1) = \left\{(x,y,z) \,\middle|\, x^2 + y^2 + z^2 = 1 \text{ かつ } z = \dfrac{3}{5}\right\}$。

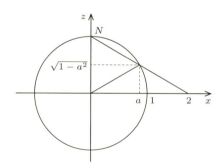

(6) $\pi^{-1}(B_2)$ は 2 次元単位球面 S^2 と平面 $\{(x,y,z) \mid y = -x\}$ の共通部分である。西経 45° の経線と東経 135° の経線を合わせたものである。

問題 2.2.13 (1) $f : \mathbb{R} \longrightarrow \mathbb{R}$, $f(x) = x^2$ に対して、$A = [0,1]$, $B = [-1,0]$ とおく。このとき $A \cap B = \{0\}$ で $f(A \cap B) = f(\{0\}) = \{0\}$。一方、$f(A) = f(B) =$

$[0,1]$ なので $f(A) \cap f(B) = [0,1]$ となり、$f(A \cap B) \subsetneq f(A) \cap f(B)$。

(2) (1) と同様に写像 f に対して、$A = [0,1]$, $B = [-1,0]$ とおく。$A - B = (0,1]$ で $f(A - B) = (0,1]$ となる。一方、$f(A) = f(B) = [0,1]$ なので $f(A) - f(B) = \emptyset$ となり、$f(A - B) \supsetneq f(A) - f(B)$。

問題 2.2.15 (1) $f : \mathbb{R} \longrightarrow \mathbb{R}$, $f(x) = x^2$ に対して、$A = [1,2]$ を考える。このとき、$f(A) = [1,4]$ で、$f^{-1}(f(A)) = f^{-1}([1,4]) = [-2,-1] \cup [1,2]$ となり、$A \subsetneq f^{-1}(f(A))$。

(2) (1) と同じ写像 f に対して、$B = [-1,0]$ を考える。このとき $f^{-1}(B) = \{0\}$ で $f(f^{-1}(B)) = f(\{0\}) = \{0\}$ となり、$f(f^{-1}(B)) \subsetneq B$。

2.2.3 単射・全射・全単射

問題 2.2.20 (1) 写像 $f : \mathbb{R} \longrightarrow [-1,1]$, $f(x) = \cos x$ が全射であることを示す。$y \in [-1,1]$ とする。単位円上に図のような点 P をとり、$(1,0)$ と P の間の単位円上の弧の長さを x とする。

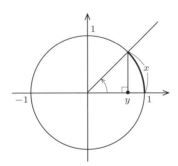

このとき定義から $\cos x = y$ となる。したがって、f は全射である。しかし、$x_1 = -\frac{\pi}{4}$, $x_2 = -\frac{\pi}{4}$ に対して、$\cos\left(-\frac{\pi}{4}\right) = \cos\frac{\pi}{4} = \frac{\sqrt{2}}{2}$ となるので、f は単射ではない。

(2) 指数関数 $f : \mathbb{R} \longrightarrow \mathbb{R}$, $f(x) = e^x$ が狭義の単調関数であることは微分積分学などで学んでいるので、$e^{x_1} = e^{x_2}$ から $x_1 = x_2$ が導かれる。よって、f は単射である。次に f が全射でないことを示す。$e^x > 0$ なので、$-1 \in \mathbb{R}$ に対して、$f(x) = e^x = -1$ となる $x \in \mathbb{R}$ は存在しない。したがって、f は全射ではない。

(3) 写像 $f : \mathbb{R}^2 \longrightarrow \mathbb{R}^2$, $f(x,y) = (x-y, x+y)$ が単射であることを証明する。$f(x,y) = f(x',y')$ とする。このとき、$x - y = x' - y'$ かつ $x + y = x' + y'$ となる。これらの式の両辺を足すと、$2x = 2x'$ なので $x = x'$。また、2つ目の式から $y = y'$

が得られる。したがって $(x,y) = (x',y')$ となり f は単射である。次に f が全射であることを示す。$(s,t) \in \mathbb{R}^2$ とする。$x = \dfrac{s+t}{2}$, $y = \dfrac{-s+t}{2}$ とする。このとき、

$$f(x,y) = f\left(\dfrac{s+t}{2}, \dfrac{-s+t}{2}\right) = \left(\dfrac{s+t}{2} - \dfrac{-s+t}{2}, \dfrac{s+t}{2} + \dfrac{-s+t}{2}\right) = (s,t)$$

となるので、f は全射である。上で $x = \dfrac{s+t}{2}$, $y = \dfrac{-s+t}{2}$ としているが、これは $x - y = s$, $x + y = t$ を解くことによって得られる。

(4) $n \times m$ の実行列 A で定義される線形写像

$$\begin{array}{rcl} f : \mathbb{R}^m & \longrightarrow & \mathbb{R}^n \\ \boldsymbol{x} & \longmapsto & A\boldsymbol{x} \end{array}$$

に対して、rank$A$ は f の像 Im$f = f(\mathbb{R}^m)$ の次元 $\dim(\text{Im}f)$ と一致する。f が単射であるための必要十分条件は f の核 Ker$f = f^{-1}(\{\boldsymbol{0}\})$ が $\{\boldsymbol{0}\}$、すなわち $\dim(\text{Ker}f) = 0$、になることである。次元公式

$$\dim(\text{Ker}f) + \dim(\text{Im}f) = \dim(\mathbb{R}^m) = m$$

から

$$f \text{ が単射} \leftrightarrow \dim(\text{Ker}f) = 0 \leftrightarrow \dim(\text{Im}f) = m \leftrightarrow \text{rank}A = m$$

が成立する。また、f が全射であるための必要十分条件は $\dim(\text{Im}f) = \mathbb{R}^n = n$、すなわち $\dim(\text{Im}f) = n$。

$$f \text{ が全射} \leftrightarrow \dim(\text{Im}f) = n \leftrightarrow \text{rank}A = n$$

(上の証明で用いられている事実は線形代数で勉強する。詳細は線形代数の本を参照のこと。)

問題 2.2.21　(1) 写像 $f : X \longrightarrow Y$ が単射ならば X の異なる元の像は異なるので $f(X)$ は m 個の (互いに異なる) 元からなる。したがって、$m \leq n$ となる。

(2) 写像 $f : X \longrightarrow Y$ が全射ならば Y の任意の元 y に対して $f(x) = y$ となる元 $x \in X$ が存在する。また、f は写像なので $x \in X$ に対してただ 1 つの元 $y \in Y$ が対応する。したがって、$m \geq n$ となる。

(3) $X = \{x_1, \cdots, x_m\}$, $Y = \{y_1, \cdots, y_m\}$ とする。f が単射であるする。f が全射になっていることを背理法で証明する。f が全射でないと仮定する (背理法の仮定)。このとき、$\exists y_i \in Y \quad \forall x \in X \quad y_i \neq f(x)$ となる。すると $f(X) \subset Y - \{y_i\}$ で、部屋割り論法 (鳩ノ巣原理) から $\exists y_j \in Y \quad y = f(x_k) = f(x_\ell)$ となり、f が単射である

ことに矛盾する。よって、f は全射である。

次に f が全射であれば、単射になっていることを背理法で示す。f が単射でないとすると、$\exists x_i, x_j \in X \ (x_i \neq x_j$ かつ $f(x_i) = f(x_j))$。したがって、$f(X)$ は高々 $m-1$ 個の元からなる。Y は m 個の元からなるので全射にはなり得ない。これは仮定に矛盾。よって f は単射である。

$\boxed{\text{問題 2.2.24}}$ f が全射であるとする。$f(X) \subset Y$ は自明なので、逆の包含関係 $f(X) \supset Y$ を示す。$\forall y \in Y$ とする。f が全射なので $\exists x_0 \in X \ \ y = f(x_0)$。よって $y \in f(X)$ となる。

次に $f(X) = Y$ として、f が全射であることを示す。$\forall y \in Y$ とすると、$y \in f(X)$ でもあるので定義から $\exists x_0 \in X \ \ y = f(x_0)$ で f が全射であることが分かる。

$\boxed{\text{問題 2.2.25}}$ (1) f が単射であるとして $\forall A \subset X$ に対して、$A = f^{-1}(f(A))$ が成り立つことを証明する。$A \subset f^{-1}(f(A))$ は定理 2.2.14 (1) で証明済みなので逆の包含関係 $A \supset f^{-1}(f(A))$ を示す。$\forall x \in f^{-1}(f(A))$ とする。このとき $f(x) \in f(A)$ で、定義から $\exists a \in A \ \ f(x) = f(a)$ となる。ここで f が単射であることから $x = a$ が分かる。したがって $x = a \in A$ となる。

次に $\forall A \subset X$ に対して、$A = f^{-1}(f(A))$ であるとして f が単射であることを示す。$x \in X$ とする。A は X の任意の部分集合なので、特に $A = \{x\}$ とすると $f^{-1}(f(\{x\})) = \{x\}$ となる。例 2.2.23 (1) から f が単射であることが示される。

(2) f が全射であるとして $\forall B \subset Y$ に対して、$f(f^{-1}(B)) = B$ が成り立つことを証明する。$f(f^{-1}(B)) \subset B$ は定理 2.2.14 (2) で証明済みなので逆の包含関係 $f(f^{-1}(B)) \supset B$ を示す。$\forall b \in B$ に対して、f が全射であることから $\exists x \in X \ \ b = f(x)$ です。$f(x) = b \in B$ なので $x \in f^{-1}(B)$ であることが分かり、$b \in f(f^{-1}(B))$ となる。

次に $\forall B \subset Y$ に対して、$f(f^{-1}(B)) = B$ であるとして f が全射であることを示す。B は Y の任意の部分集合なので、特に $B = Y$ とすると $f(f^{-1}(Y)) = Y$ が得られる。例 2.2.23 (2) から f が全射であることが示される。

第 3 章

$\boxed{\text{問題 3.1.5}}$ $f(t) = \left(\sum_{i=1}^{m} x_i^2\right) t^2 + 2\left(\sum_{i=1}^{m} x_i y_i\right) t + \sum_{i=1}^{m} y_i^2$ とおく。これを式変形すると $f(t) = \sum_{i=1}^{m} (tx_i + y_i)^2$ となり、つまり、$f(t)$ は t の値に関わらず常に 0 以上の値をとる。したがって、上式右辺の判別式を D とすると、

$$D/4 = \left(\sum_{i=1}^{m} x_i y_i\right)^2 - \left(\sum_{i=1}^{m} x_i^2\right) \cdot \left(\sum_{i=1}^{m} y_i^2\right) \leq 0$$

となり、$\sum_{i=1}^{m} x_i y_i \leq \sqrt{\sum_{i=1}^{m} x_i^2} \cdot \sqrt{\sum_{i=1}^{m} y_i^2}$ が成り立つ.

问題 3.1.13 (1) この ρ_1 は距離を与える.距離の定義 (1), (2) は d_1 の定義からすぐに分かるので、(3) の 3 角不等式 $\rho_1(\boldsymbol{x}, \boldsymbol{y}) + \rho_1(\boldsymbol{y}, \boldsymbol{z}) \geq \rho_1(\boldsymbol{x}, \boldsymbol{z})$ が成り立つことだけ示す. $\boldsymbol{x} = (x_1, \cdots, x_m)$, $\boldsymbol{y} = (y_1, \cdots, y_m)$, $\boldsymbol{z} = (z_1, \cdots, z_m)$ とする.各 i について、$|x_i - y_i| + |y_i - z_i| \geq |x_i - z_i|$ が成り立つので、

$$\max_{1 \leq i \leq m} |x_i - y_i| + \max_{1 \leq i \leq m} |y_i - z_i|$$
$$\geq \max_{1 \leq i \leq m} (|x_i - y_i| + |y_i - z_i|)$$
$$\geq \max_{1 \leq i \leq m} |x_i - z_i|$$

が成り立つ.したがって、$\rho_1(\boldsymbol{x}, \boldsymbol{y}) + \rho_1(\boldsymbol{y}, \boldsymbol{z}) \geq \rho_1(\boldsymbol{x}, \boldsymbol{z})$ が成り立つので、ρ_1 が 3 角不等式を満たすことが分かる.

(2) この ρ_2 は距離を与えないことが次の反例から分かる. $\boldsymbol{x} = (1, 1, \cdots, 1)$, $\boldsymbol{y} = (1, 0, \cdots, 0)$ とすると、$\boldsymbol{x} \neq \boldsymbol{y}$ であるが、$\rho_2(\boldsymbol{x}, \boldsymbol{y}) = \min_{1 \leq i \leq m} |x_i - y_i| = 0$ となるので、距離の定義の (1) が成り立たない.

(3) この ρ_3 も距離を与えない. 2 地点 p と q の間の旅行時間というのは、その間の状況(例えば、山の頂上と麓、とか、道路の渋滞状況とか、電車の上り下りの本数とか)によっては、$\rho_3(p, q) \neq \rho_3(q, p)$ が成り立たない.

问題 3.1.15 距離の定義の条件を (1), (2), (3) とし、問題内の条件を

(1′) $\rho(x, y) = 0 \Leftrightarrow x = y$

(2′) $\rho(x, y) + \rho(x, z) \geq \rho(y, z)$

とする.

まず (1′) は (1) に含まれるので、(1) → (1′) が成り立つ.また (2) と (3) より $\rho(x, y) + \rho(x, z) = \rho(y, x) + \rho(x, z) \geq \rho(y, z)$ となるので、(2), (3) → (2′) が成り立つ.以上より、(1), (2), (3) → (1′), (2′) が成り立つ.

次に、$x = y = z$ として、(2′) を使うと、$\rho(x, x) + \rho(x, x) \geq \rho(x, x)$ となるので、任意の x について $\rho(x, x) \geq 0$ となり、(1′), (2′) → (1) が成り立つことが分かる.また $z = x$ として、(2′) を使うと、$\rho(x, y) + \rho(x, x) \geq \rho(y, x)$ となるので、(1′) と合わせて $\rho(x, y) \geq \rho(y, x)$ が成り立つことが分かる.さらに、$x = y$, $z = x$ として (2′) を使うと、$\rho(y, x) + \rho(y, y) \geq \rho(x, y)$ となるので、(1′) と合わせて $\rho(y, x) \geq \rho(x, y)$ が成り立つことが分かる.したがって、$\rho(x, y) = \rho(y, x)$ が成り立つことが分かり、(1′), (2′) → (2) が成り立つことが分かる.これで (1′), (2′) から (2) が導かれたので、

($2'$) と合わせて、$\rho(x,y) + \rho(y,z) = \rho(y,x) + \rho(y,z) \geq \rho(x,z)$ が成り立つことが分かり、($1'$),($2'$) → (3) が成り立つことが分かる。以上より、($1'$),($2'$) → (1),(2),(3) が成り立つことが分かる。

問題 3.1.16 $-\rho(x,z) \leq \rho(x,y) - \rho(z,y) \leq \rho(x,z)$ を示せば良い。まず、3角不等式より、$\rho(x,y) + \rho(x,z) = \rho(y,x) + \rho(x,z) \geq \rho(y,z) = \rho(z,y)$。よって、$\rho(x,y) - \rho(z,y) \geq -\rho(x,z)$ が成り立つ。また、3角不等式より、$\rho(x,z) + \rho(z,y) \geq \rho(x,y)$。よって、$\rho(x,z) \geq \rho(x,y) - \rho(z,y)$ が成り立つ。

3.2 写像の連続性

問題 3.2.3 まず定義 3.2.1 の式 (3.1) を仮定して、定理 3.2.2 の式 (3.2) を導く。任意の $y \in f(N_\delta(p;X))$ に対して、ある $x \in N_\delta(p;X)$ が存在して $y = f(x)$ となる。近傍の定義 (定義 3.1.16) より、$N_\delta(p;X) = \{x \mid x \in X, d_m(x,p) < \delta\}$ であるので、この x は $d_m(x,p) < \delta$ を満たす。この式と仮定した式 (3.2.1) より、$d_n(f(x),f(p)) < \varepsilon$ なので、$y = f(x) \in N_\varepsilon(f(p);Y)$ が成り立つ。よって、$f(N_\delta(p;X)) \subset N_\varepsilon(f(p);Y)$ が成り立ち、式 (3.2.2) が成り立つことが示された。

逆に、式 (3.2)、つまり、$\forall \varepsilon > 0 \quad \exists \delta > 0 \quad f(N_\delta(p;X)) \subset N_\varepsilon(f(p);Y)$ が成り立つと仮定する。このとき、$d_m(x,p) < \delta$ を満たす x について $x \in N_\delta(p;X)$ が成立する。すると仮定より、$f(x) \in N_\varepsilon(f(p);Y)$、つまり、$d_n(f(x),f(p)) < \varepsilon$ が成り立つ。よって、$\forall \varepsilon > 0 \quad \exists \delta > 0 \quad \forall x \in X \quad (d_m(x,p) < \delta \to d_n(f(x),f(p)) < \varepsilon)$ が成り立つことが分かる。

したがって、$f: X \longrightarrow Y$ が点 p で連続であるための必要十分条件は、(3.2) が成立することであることが示された。

問題 3.2.8 任意の点 $p \in X$ において、写像 c が連続であることを示す。任意の $\varepsilon > 0$ に対して、$\delta = 1$ とする (実際はどんな値でも構わない)。すると、$d_m(x,p) < 1$ を満たす任意の $x \in X$ に対して、$d_n(c(x),c(p)) = d_n(b,b) = 0 < \varepsilon$ が成り立つ。

問題 3.2.14 (1) 原点 O において不連続であることを示すので、$\exists \varepsilon > 0 \quad \forall \delta > 0 \quad \exists x \in X \quad d_X(x,a) < \delta$ かつ $d_Y(f(x),f(a)) \geq \varepsilon$ が分かれば良いことになる。ここで $\varepsilon = \dfrac{1}{2}$ とする。このとき、任意の $\delta > 0$ に対して、$x = -\dfrac{\delta}{2}$ を考えると、$d(x,0) = \dfrac{\delta}{2} < \delta$ であるが、$d(f(x),f(0)) = d(0,1) = 1 > \varepsilon$ となる。よって、上の条件を満たす ε の値が見つかったので、f が原点において不連続であることが示された。

(2) $p \in \mathbb{R}$ かつ $p \neq 0$ とする。ここでは $p > 0$ の場合を示す。$p < 0$ の場合の時も同様にできるので省略する。

(距離を用いる方法) 任意の $\varepsilon > 0$ に対して、$\delta = \dfrac{p}{2} > 0$ とする。$d(x,p) < \delta$ を満たす x について $d(x,p) < \delta = \dfrac{p}{2} < p = d(0,p)$ より、$x > 0$ が分かる。したがって、

$f(x) = 1$ となる。よって、$d(f(x), f(p)) = d(1, 1) = 0 < \varepsilon$ が成り立ち、f が p において連続であることが示された。

(近傍を用いる方法) 任意の $\varepsilon > 0$ に対して、$\delta = \dfrac{p}{2} > 0$ とする。このとき、上の議論から $N_\delta(p; \mathbb{R}) \subset \{x \mid x > 0\}$ が分かる。$f(x) = 1$ $(x > 0)$ なので、$f(N_\delta(p; \mathbb{R})) \subset \{1\}$ であるが、一方 $f(p) = 1$ なので、$\{1\} \subset N_\varepsilon(f(p); \mathbb{R})$ となる。したがって、f が p において連続であることが示された。

問題 3.2.17 例 3.2.15 の解説を基にすれば、a が無理数のときも、有理数の稠密性 (注意 3.2.16) より、任意の $N_\delta(a; \mathbb{R})$ の中に有理数が含まれることを使えば、あとは同様に示すことができる。

問題 3.2.19 任意の $\varepsilon > 0$ に対して、$\delta := \varepsilon > 0$ とすると、任意の $x \in \mathbb{R}$ に対して、$d(0, x) = |x| < \delta$ ならば

$$d(f(0), f(x)) = d(0, f(x)) = |f(x)| = \left| x \sin \frac{1}{x} \right| \leq |x| < \delta = \varepsilon$$

よって、関数 f が原点 0 において連続であることが示せた。

問題 3.2.21 まず、関数 g は 0 でない任意の $p \in \mathbb{R}$ において不連続である。これは例 3.2.15 と全く同様にして示せる。

一方で、g は原点 0 において連続になる。これを示す。任意の $\varepsilon > 0$ に対して、$\delta = \varepsilon > 0$ とする。$d(x, 0) < \delta = \varepsilon$ を満たす任意の $x \in \mathbb{R}$ について、g の定義より、$d(g(x), g(0)) = |xf(x)| \leq |x| = d(x, 0) < \delta = \varepsilon$ が成り立つ。したがって、g は原点 0 において連続であることが分かる。

問題 3.2.30 $h(p) = (f(p), g(p))$ より、

$$d_{Y \times Z}((y, z), (f(p), g(p))) \leq d_Y(y, f(p)) + d_Z(z, g(p))$$

を示せば良い。$Y \subset \mathbb{R}^m$, $Z \subset \mathbb{R}^n$ とすると、$Y \times Z \subset \mathbb{R}^{m+n}$ であり、

$$d_Y(y, f(p)) = d_{Y \times Z}((y, z), (f(p), z))$$
$$\text{かつ } d_Z(z, g(p)) = d_{Y \times Z}((f(p), z), (f(p), g(p)))$$

が成り立つ。したがって、3 角不等式より、

$$\begin{aligned} & d_Y(y, f(p)) + d_Z(z, g(p)) \\ &= d_{Y \times Z}((y, z), (f(p), z)) + d_{Y \times Z}((f(p), z), (f(p), g(p))) \\ &\geq d_{Y \times Z}((y, z), (f(p), g(p))) \end{aligned}$$

が成り立つことが分かる。

問題 3.2.32　$k=1$ のときは、$h(x)=f_1(x)$ より、「h が連続 $\Leftrightarrow$ f_1 が連続」が成り立つ。$k=n$ のとき、「h が連続 $\Leftrightarrow$ $f_1,\cdots,f_n$ がすべて連続」が成り立つと仮定する。ここで、$k=n+1$ のとき、$g(x)=(f_1(x),\cdots,f_n(x))$ として写像 $g:X\longrightarrow Y_1\times\cdots\times Y_n$ を定義すると、$h(x)=(g(x),f_{n+1}(x))$ と表される。よって、帰納法の仮定と定理 3.2.28 より、「g が連続 $\Leftrightarrow$ $f_1,\cdots,f_n$ がすべて連続」かつ「h が連続 $\Leftrightarrow$ g が連続かつ f_{n+1} が連続」が成り立つことが分かる。したがって、数学的帰納法により、系 3.2.30 が証明された。

問題 3.2.34　ヒントで与えられた可換図式を利用して「h が連続 $\leftrightarrow$ f と g がともに連続」が成り立つことを示す。まず「h が連続 $\rightarrow$ f と g がともに連続」が成り立つことを示す。可換図式から分かるように、$f=\pi_Z\circ h\circ\iota_X$ かつ $g=\pi_W\circ h\circ\iota_Y$ が成り立つ。ここで、ι_X,ι_Y は包含写像、π_W,π_Z は射影である。これらはすべて連続写像なので、定理 3.2.23 (合成写像の連続性) より、「h が連続 $\rightarrow$ f と g がともに連続」が成り立つことが分かる。

次に「f と g がともに連続 $\rightarrow$ h が連続」が成り立つことを示す。まず、2 つの写像 $h_Z:X\times Y\longrightarrow Z$ と $h_W:X\times Y\longrightarrow W$ を $h_Z((x,y))=f(x)$, $h_W((x,y))=g(y)$ によって定義する。すると、$(x,y)\in X\times Y$ に対して、$h((x,y))=(f(x),g(y))=(h_Z((x,y)),h_W((x,y)))$ となるので、定理 3.2.28 より、「h_Z と h_W がともに連続 $\rightarrow$ h が連続」が成り立つ。ここで、$\pi_X:X\times Y\longrightarrow X$ と $\pi_Y:X\times Y\longrightarrow Y$ を射影とすれば、$h_Z=f\circ\pi_X$, $h_W=g\circ\pi_Y$ となるので、f,g,π_X,π_Y がすべて連続であることから、h_Z と h_W は連続である。よって「f と g がともに連続 $\rightarrow$ h が連続」が成り立つことが分かる。

以上より、「h が連続 $\leftrightarrow$ f と g がともに連続」が成り立つこと示された。

問題 3.2.36　$\pi=\tilde{\pi}\circ\iota$ であり、定理 3.2.25 より $\tilde{\pi}$ は連続、かつ、例 3.2.5 より ι も連続なので、定理 3.2.22 より π も連続であることが分かる。

問題 3.2.38　(3) は、$c_n=\dfrac{1}{b_n}$ として、$\{a_n\},\{c_n\}$ に対して (2) を適用すれば良いので、ここでは (2) のみ証明を与える。$\lim\limits_{n\to\infty}a_n=a$, $\lim\limits_{n\to\infty}b_n=b$ とする。収束する数列は有界なので (このことは読者が証明を試みること)、$\exists\ M\ \ \forall n\in\mathbb{N}\ \ |a_n|,|b_n|\leq M$ となる。今、任意の $\varepsilon>0$ を与えておく。

$$d(a_nb_n,ab)=|a_nb_n-ab|=|a_nb_n-ab_n+ab_n-ab|$$
$$\leq|a_n-a|\,|b_n|+|a|\,|b_n-b|$$
$$\leq|a_n-a|M+|a||b_n-b|$$

一方、数列 $\{a_n\}$, $\{b_n\}$ が収束することから、任意の $\varepsilon' > 0$ に対して、$\exists N_a \in \mathbb{N}$ $\forall n$ $(n \geq N \to |a_n - a| < \varepsilon')$, $\exists N_b \in \mathbb{N}$ $\forall n$ $(n \geq N \to |b_n - b| < \varepsilon')$ が成り立つ。このとき、上の不等式から $d(a_n b_n, ab) < (M + |a|)\varepsilon'$ を得る。ここで、$\varepsilon' = \dfrac{1}{M+a}\varepsilon$, $N = \max\{N_a, N_b\}$ と取れば、$\forall n$ $(n \geq N \to d(a_n b_n, ab) < \varepsilon)$ を得る。したがって、(2) が示された。

問題 3.2.44 $a = \dfrac{p}{q}$, $b = \dfrac{r}{s}$ とそれぞれ既約分数で表されているとする。ここで、$N := qr + 1$ とすると、

$$aN = \frac{p}{q}(qr+1) = pr + \frac{p}{q} > pr \geq r \geq \frac{r}{s} = b$$

となるので、この N に対して $aN > b$ が成り立つことが示せた。

問題 3.2.46 任意の $\varepsilon > 0$ に対して、$b_n \to 0$ $(n \to \infty)$ より、$\exists N \in \mathbb{N}$ $\forall n \in \mathbb{N}$ $(n > N \to |b_n| < \varepsilon)$ が成り立つ。ここで、$0 \leq a_n \leq b_n$ より、$0 \leq |a_n| \leq |b_n|$ なので、この N に対して、$\forall n \in \mathbb{N}$ $(n > N \to |a_n| \leq |b_n| < \varepsilon)$ が成り立ち、よって $a_n \to 0$ $(n \to \infty)$ となることが分かる。

問題 3.2.47 $p_n \not\to p$ を示すには、

$$\exists \varepsilon > 0 \quad \forall N \in \mathbb{N} \quad \exists n \in \mathbb{N} \quad (n \geq N \text{ かつ } p_n \notin N_\varepsilon(p; \mathbb{R}^m))$$

を示せば良い。

ある $\varepsilon > 0$ に対して、$p_{n_k} \notin N_\varepsilon(p; \mathbb{R}^m)$ となる自然数列 $\{n_k\}$ が存在すると仮定する。ここで、$\{n_k\}$ は無限自然数列なので、$n_k \to \infty$、つまり $\forall N \in \mathbb{N}$ $\exists k \in \mathbb{N}$ $n_k > N$ が成り立つことに注意する。ここで、任意の自然数 $N \in \mathbb{N}$ をとってくる。$n_k \to \infty$ より、ある n_k が存在して $n_k > N$ が成り立つ。また、この n_k については仮定より、$p_{n_k} \notin N_\varepsilon(p; \mathbb{R}^m)$ が成り立つ。したがって、$\exists \varepsilon > 0$ $\forall N \in \mathbb{N}$ $\exists n \in \mathbb{N}$ $(n \geq N$ かつ $p_n \notin N_\varepsilon(p; \mathbb{R}^m))$ が分かったので、$p_n \not\to p$ が示せた。

第 4 章

4.1 開集合

問題 4.1.4 例 4.1.3 の解説において、$\mathbb{R}^2$ を $\mathbb{R}^m$ に、また O を p に置き換えれば、そのまま示すことができる。

問題 4.1.5 O が X の開集合であることの定義より、

$$\forall p \in O \quad \exists \delta_p > 0 \quad N_{\delta_p}(p; X) \subset O$$

が成り立つ。このとき、$p \in N_{\delta_p}(p; X)$ なので、$\displaystyle\bigcup_{p \in O} N_{\delta_p}(p; X) \supset O$ となることが分かる。したがって、O が近傍の和集合として表されることが示せた。

問題 4.1.7 $P := \{(x,y) \mid x^2 + y^2 < 1\} \cup \{(1,0)\}$ が開集合でないことを示したいので、

$$\exists p \in P \quad \forall \delta > 0 \quad \exists q \quad (q \in N_\delta(p; \mathbb{R}^2) \text{ かつ } q \notin P)$$

を示せば良い。ここで、$p = (1,0) \in P$ とすると、$\forall \delta > 0$ に対して、$q = \left(1 + \dfrac{\delta}{2}, 0\right)$ を考えれば、$q \in N_\delta(p; X)$ は成り立つが $q \notin P$ となる。したがって、P は $\mathbb{R}^2$ で開でないことが示された。

問題 4.1.9 上問と同様に

$$\exists p \in \mathbb{Q}^2 \quad \forall \delta > 0 \quad \exists q \quad (q \in N_\delta(p; \mathbb{R}^2) \text{ かつ } q \notin \mathbb{Q}^2)$$

を示せば良い。$p := (0,0) \in \mathbb{Q}^2$ を考える。任意の $\delta > 0$ について、無理数の稠密性（注意 3.2.16）より、$0 < r < \dfrac{\delta}{2}$ となる無理数 $r \in \mathbb{R}$ が存在する。このとき、$(r,r) \notin \mathbb{Q}^2$ であるけれども、

$$d((0,0),(r,r)) < d\left((0,0),\left(\dfrac{\delta}{2},\dfrac{\delta}{2}\right)\right) < \delta$$

より、$(r,r) \in N_\delta((0,0); \mathbb{R}^2)$ になる。したがって、$\mathbb{Q}^2$ が $\mathbb{R}^2$ で開でないことが示せた。

問題 4.1.11 まず、O が X で開集合であることを示す。任意の $p \in O$ を取る。例 4.1.3 の解説と同様にすれば、$\mathbb{R}^2$ における p のある近傍 $\tilde{N}$ が $\tilde{O} := \{(x,y) \mid x^2 + y^2 < 1\}$ に含まれることが分かる。このとき、$\tilde{N} \cap X$ は、$O = \tilde{O} \cap X$ における p の近傍であり、$\tilde{N} \cap X \subset \tilde{O} \cap X = O$ となるので、O は X で開であることが分かる。

一方で、$(0,0) \in O$ を考えると、任意の $\delta > 0$ に対して、$\left(-\dfrac{\delta}{2}, 0\right) \in \mathbb{R}^2$ をとれば、「$\left(-\dfrac{\delta}{2}, 0\right) \in N_\delta((0,0); \mathbb{R}^2)$ かつ $\left(-\dfrac{\delta}{2}, 0\right) \notin O$」が成り立つので、$O$ が $\mathbb{R}^2$ において開でないことが分かる（$\left(-\dfrac{\delta}{2}, 0\right) \in N_\delta((0,0); X)$ に注意）。

問題 4.1.13 開集合の個数に関する帰納法により、任意の有限個の開集合の共通部分は開集合になることを示す。

開集合が 2 個の場合は、定理 4.1.12 (2) により、その共通部分は開集合になる。

$n \geq 2$ として「任意の n 個の開集合の共通部分が開になる」と仮定し $n+1$ 個の場合を考える。$O_1, \cdots, O_n, O_{n+1}$ を $n+1$ 個の開集合とする。仮定より、$O_1 \cap \cdots \cap O_n$ は開集合になる。ここで、定理 4.1.12 (2) を使うと、$(O_1 \cap \cdots \cap O_n) \cap O_{n+1} = O_1 \cap \cdots \cap O_n \cap O_{n+1}$ も開集合になることが分かる。

よって、帰納法により、任意の有限個の開集合の共通部分は開集合になることが示された。

問題 4.1.15 一般の次元において、自然数 n に対し、原点中心で半径 $\frac{1}{n}$ の開球体、つまり、原点 $O = (0, \cdots, 0)$ の $\frac{1}{n}$–近傍 $N_{\frac{1}{n}}(O; \mathbb{R}^m)$ を考える。このとき、各 $N_{\frac{1}{n}}(O; \mathbb{R}^m)$ は $\mathbb{R}^m$ で開であるが、$\bigcap_{n \in \mathbb{N}} N_{\frac{1}{n}}(O; \mathbb{R}^m)$ は原点のみからなる集合 $\{O\}$ となり、これは $\mathbb{R}^m$ で閉集合であるが開集合ではない。したがって、$\mathbb{R}^m$ において開集合の無限個の共通部分が開集合にならない例が見つかった。

問題 4.1.18 (1) $c := \left\{(\cos\theta, \sin\theta) \,\middle|\, -\frac{\pi}{4} < \theta < \frac{\pi}{4}\right\}$ とする。直線 $x = \frac{\sqrt{2}}{2}$ に関する線対称移動で S^1 を移すと、中心 $(\sqrt{2}, 0)$ で半径 1 の円に移ることに注意すると、$S^1 \cap N_1((\sqrt{2}, 0); \mathbb{R}^2) = c$ となることが分かる。$N_1((\sqrt{2}, 0); \mathbb{R}^2) \subset \mathbb{R}^2$ は $\mathbb{R}^2$ で開なので、定理 4.1.16 より、c は S^1 で開であることが示された。

(2) $\tilde{O} := \{(x, y, z) \mid z > 0\}$ とすると、$\tilde{O}$ は $\mathbb{R}^3$ で開であり、$\tilde{O} \cap S^2$ は、S^2 の赤道を含まない北半球になる。したがって、定理 4.1.16 より、その北半球は S^2 において開であることが示された。

問題 4.1.20 $k = 2$ のときは、定理 4.1.19 より、$O_1 \times O_2$ は $X_1 \times X_2$ の開集合である。$k = n$ のとき主張が成り立つと仮定して、$k = n+1$ の場合を考える。$O_1 \times \cdots \times O_n \times O_{n+1}$ において、$O_1 \times \cdots \times O_n$ は仮定より $X_1 \times \cdots \times X_n$ の開集合である。ここで、$O_1 \times \cdots \times O_n \times O_{n+1} = (O_1 \times \cdots \times O_n) \times O_{n+1}$ に対して、定理 4.1.19 を使うと、この集合は $(X_1 \times \cdots \times X_n) \times X_{n+1} = X_1 \times \cdots \times X_n \times X_{n+1}$ において開集合であることが分かる。したがって、帰納法により、ユークリッド部分空間 $X_i \subset \mathbb{R}^{m_i}$ ($i = 1, \cdots, k$) の開集合 O_i に対して、$O_1 \times \cdots \times O_k$ がユークリッド部分空間 $X_1 \times \cdots \times X_k$ の開集合であることが示された。

4.2 閉集合

問題 4.2.6 定理 4.2.5 (2) を使うと、問題 4.1.13 の解答と全く同様にして示すことができる。

問題 4.2.8 $D_n := \left\{(x, y) \,\middle|\, x^2 + y^2 \leq 1 - \frac{1}{n}\right\} \subset \mathbb{R}^2$ として、$\bigcup_{n \in \mathbb{N}} D_n = \{(x, y) \mid x^2 + y^2 < 1\} =: D$ を示す。まず、任意の $n \in \mathbb{N}$ について、$1 - \frac{1}{n} < 1$ より $D_n \subset D$ であるので、$\bigcup_{n \in \mathbb{N}} D_n \subset D$ が分かる。

逆に、任意の $p \in D$ に対して、$d := d((0,0), p)$ として、$n > \frac{1}{1-d}$ となる自然数 n をとってくる（アルキメデスの原理より見つかる）。このとき、$d < 1 - \frac{1}{n}$ より、$p \in$

D_n となる。よって、$D \subset \bigcup_{n \in \mathbb{N}} D_n$ が分かる。

以上より、$D = \bigcup_{n \in \mathbb{N}} D_n$ が成り立つことが示された。

問題 4.2.11　$F \subset X \subset Y \subset \mathbb{R}^m$ とする。まず、F が部分空間 X で閉であるならば、部分空間 Y の閉集合 $\tilde{F}$ が存在して $\tilde{F} \cap X = F$ となることを示す。F が X で閉なので、定理 4.2.9 より、$\mathbb{R}^m$ の閉集合 $\tilde{\tilde{F}}$ が存在して $\tilde{\tilde{F}} \cap X = F$ となる。ここで、$\tilde{\tilde{F}} \cap Y$ を $\tilde{F}$ とする。すると、定理 4.2.9 より、$\tilde{F}$ は Y の閉集合であって、$\tilde{F} \cap X = (\tilde{\tilde{F}} \cap Y) \cap X = (\tilde{\tilde{F}} \cap X) \cap Y = F \cap Y = F$ が成り立つ (最後の等号は $F \subset X \subset Y$ から従う)。

逆に、部分空間 Y の閉集合 $\tilde{F}$ が存在して $\tilde{F} \cap X = F$ となるならば、F が部分空間 X で閉であることを示す。仮定より、$\tilde{F}$ が $\mathbb{R}^m$ の部分空間 Y の閉集合であることから、定理 4.2.9 により、ある $\mathbb{R}^m$ の閉集合 $\tilde{\tilde{F}}$ が存在して、$\tilde{\tilde{F}} \cap Y = \tilde{F}$ が成り立つ。このとき、$\tilde{\tilde{F}} \cap X = \tilde{\tilde{F}} \cap (Y \cap X) = (\tilde{\tilde{F}} \cap Y) \cap X = \tilde{F} \cap X = F$ となる (最初の等号は $X \subset Y$ から従う)。よって、定理 4.2.9 より、F は X で閉であることが示された。

4.3 開集合と閉集合の双対性

問題 4.3.3　定理 4.1.16 を仮定して定理 4.2.9 が成り立つことを定理 4.3.1 を用いて示す。$X \subset \mathbb{R}^m$ のとき、F を X の閉集合とする。定理 4.3.1 より $X - F$ は開集合なので、定理 4.1.16 より、$\mathbb{R}^m$ の開集合 $\tilde{O}$ が存在して、$\tilde{O} \cap X = X - F$ が成り立つ。ここで、定理 4.3.1 を使えば、$\tilde{F} = \mathbb{R}^m - \tilde{O}$ が $\mathbb{R}^m$ で閉集合であることが分かる。この $\tilde{F}$ について、

$$\begin{aligned} \tilde{F} \cap X &= (\mathbb{R}^m - \tilde{O}) \cap X \\ &= \mathbb{R}^m \cap X - \tilde{O} \cap X = X - (\tilde{O} \cap X) = X - (X - F) \\ &= F \end{aligned}$$

なので、定理 4.2.9 が成り立つことが分かる。定理 4.2.9 を仮定して定理 4.1.16 が成り立つことも同様に示すことができる。

問題 4.3.4　定理 4.2.12 を仮定して定理 4.1.19 が成り立つことを定理 4.3.1 を用いて示す。$X_1 \subset \mathbb{R}^m$, $X_2 \subset \mathbb{R}^n$ として、X_1, X_2 の部分集合 O_1, O_2 がそれぞれ X_1, X_2 で開集合であるとする。定理 4.3.1 より、$X_1 - O_1$ と $X_2 - O_2$ はそれぞれ X_1, X_2 で閉集合であり、また X_1 と X_2 はそれぞれ X_1, X_2 で閉集合であることから、定理 4.2.12 より、$(X_1 - O_1) \times X_2$ は $X_1 \times X_2$ で閉集合、かつ $X_1 \times (O_2 - X_2)$ は $X_1 \times X_2$ で閉集合となる。ここで、

$$(X_1 \times X_2) - (O_1 \times O_2) = ((X_1 - O_1) \times X_2) \cup (X_1 \times (X_2 - O_2))$$

であるので (この等式の証明は読者が試みること)、$(X_1 \times X_2) - (O_1 \times O_2)$ が $X_1 \times X_2$ で閉集合となることが分かる。したがって、定理 4.3.1 より、直積 $O_1 \times O_2$ は $X_1 \times X_2$ で開集合であることが分かる。

定理 4.1.19 を仮定して定理 4.2.12 が成り立つことも同様に示すことができる。

4.4.1 閉包の定義

問題 4.4.2 次のことを証明すれば良い。

$$\forall p \ (\quad p \in X \quad \text{かつ} \quad (\forall \varepsilon \quad N_\varepsilon(p;X) \cap A \neq \emptyset)$$
$$\leftrightarrow \exists \{p_n\}_{n\in\mathbb{N}} \ (p_n \in A \quad \text{かつ} \quad p = \lim_{n\to\infty} p_n \in X)$$

$\rightarrow$: $\varepsilon = \dfrac{1}{n}$ と置いて考えよ。

$\leftarrow$: $p = \lim_{n\to\infty} p_n$ より、どんな $\varepsilon > 0$ に対しても $\exists n \in \mathbb{N} \quad d(p_n, p) < \varepsilon$ かつ $p_n \in A$ より導くことができる。

問題 4.4.5 $Cl_X(A)$ の A 以外の点は A の集積点であることを示せば良い。このことは定義よりすぐに導ける。

4.4.3 閉包に関する定理

問題 4.4.9 $Cl_X(A)$ が A を含むことは定義より明らかなので、閉集合であることを示せば良いが、これは閉包の定義と閉集合の定義を見比べればすぐ分かる。

問題 4.4.12 (1) $A_\lambda \subset \overline{A_\lambda}$ より、$\bigcap_{\lambda \in \Lambda} A_\lambda \subset \bigcap_{\lambda \in \Lambda} \overline{A_\lambda}$。さらに、この問題の (1), (2) と補題 4.4.8 を用いれば結論を得る。$\overline{A \cap B} \subset \overline{A} \cap \overline{B}$ は特殊な場合である。

(2) 任意の有理数 λ に対して、ユークリッド空間 $\mathbb{R}$ の部分集合 $A_\lambda = \{\lambda\}$ を考える。このとき、$A_\lambda = \{\lambda\}$ は $\mathbb{R}$ で閉なので、$\overline{A_\lambda} = A_\lambda$。したがって、$\bigcup_{\lambda\in\Lambda} \overline{A_\lambda} = \mathbb{Q}$、$\overline{\bigcup_{\lambda\in\Lambda} A_\lambda} = \overline{\mathbb{Q}} = \mathbb{R}$ なので結論を得る。

(3) ユークリッド空間 $\mathbb{R}$ の部分集合 $A = (0,1)$, $B = (1,2)$ を考える。このとき、$\overline{A} = [0,1]$, $\overline{B} = [1,2]$ なので、$\overline{A} \cap \overline{B} = \{1\}$ となり結果を得る。

4.5.1 連続写像と開集合

問題 4.5.2 f と g が連続であると仮定する。$Y \times Z$ の任意の開集合 O を取る。このとき、定理 4.1.21 から

$$O = \bigcup_{\lambda \in \Lambda} U_\lambda \times V_\lambda \quad (U_\lambda : Y \text{ の開集合}, \quad V_\lambda : Z \text{ の開集合})$$

と書ける。このとき、

$$h^{-1}(O) = \bigcup_{\lambda \in \Lambda} h^{-1}(U_\lambda \times V_\lambda)$$
$$h^{-1}(U_\lambda \times V_\lambda) = f^{-1}(U_\lambda) \cap g^{-1}(V_\lambda)$$

である。したがって、$h^{-1}(O)$ は X の開集合なので、h は連続である。

問題 4.5.5 次の写像を考える。$\pi_i : \mathbb{R}^m \longrightarrow \mathbb{R}$, $\pi_i(x_1, \cdots, x_n) = x_i$ ($i = 1, \cdots, m$)。このとき、π_i は連続関数で

$$長方形 = \bigcap_{i=1,\cdots,m} \pi_i^{-1}((a_i, b_i))$$

となるが、$\pi_i^{-1}((a_i, b_i))$ は $\mathbb{R}^m$ で開なので長方形も開である。

4.5.2 連続写像と閉集合

問題 4.5.10 連続関数 $f : \mathbb{R}^n \longrightarrow \mathbb{R}$, $f(x_1 \cdots, x_n) = x_1^2 + \cdots + x_n^2 - 1$ を考えよ。

問題 4.5.11 $f^{-1}(Y - A) = Y - f^{-1}(A)$ などを用いればすぐ導ける。

問題 4.5.12 例 4.5.6 の解説中の開集合 O を閉集合 F に置き換えて議論せよ。

(1) 例 4.5.7 の $f^{-1}(\{O\}) = (-\infty, 0)$ からすぐ分かる。

(2) $f^{-1}(\{0\}) = \mathbb{R}^2 - \mathbb{Q}^2$ よりすぐ分かる。

(3) $\mathbb{R}$ の閉集合 $\{1\}$ の逆像が 0 に収束する点列の集合になることから証明できる。

4.6.1 コンパクトの定義

問題 4.6.3 $\{a_1, \cdots, a_k\}$ の任意の開被覆 $\{O_\lambda\}$ を取ると、任意の i に対して、ある λ_i が存在して、$a_i \in O_{\lambda_i}$ となることから示すことができる。

4.6.2 コンパクトの否定

問題 4.6.7 (1) 例 4.6.6 の解説とほとんど同様の説明で示すことができる。

(2) 例 4.6.6 の解説中の $(1, 0)$ の代わりに原点、開集合 O_n の代わりに $\left(-\dfrac{1}{n}, \dfrac{1}{n}\right)$ を考える。

問題 4.6.9 任意の自然数 n に対して $O_n = \{(x_1, \cdots x_m) \mid x_1^2 + \cdots x_m^2 < n\}$ と置くと、$\{O_n\}_{n \in \mathbb{N}}$ は $\mathbb{R}^m$ の開被覆となる。この被覆の中のいかなる有限個でも $\mathbb{R}^m$ を覆うことができないことを示せば良い。

4.6.3 コンパクト性に関する種々の定理

問題 4.6.17 $Cl_{\mathbb{R}^m}(A)$ は A と A の集積点からなることからすぐ分かる。

問題 4.6.21 任意の自然数 n に対して、$K_n = \left[-1 + \dfrac{1}{n}, 1 - \dfrac{1}{n}\right]$ とするとこの集合はコンパクトで $\bigcup_{n \in \mathbb{N}} K_n = (-1, 1)$ となる。

4.6.4 連続写像とコンパクト集合

問題 4.6.27 A が $\mathbb{R}$ の部分集合として有界であることは $\exists K \ \forall a \in A \ -K \leq a \leq K$ と表現できるが、これは $\forall a \in A \ a \in (-K, K) = N_K(O; \mathbb{R})$ と同じことである。

問題 4.6.32 (1) 下限の定義の (1) が満たされることはすぐ分かる。任意の $\varepsilon > 0$ が与えられたとき、アルキメデスの原理から $\exists n \in \mathbb{N} \ \frac{1}{n} < \varepsilon$。したがって、$-1 + \frac{1}{n} < -1 + \varepsilon$ となる。

(2) 有理数の集合 $\mathbb{Q}$ の $\mathbb{R}$ における稠密性 (注意 3.2.16)、すなわち、任意の実数の任意の近傍が有理数を必ず含むという事実を用いる。$\inf \mathbb{Q} \cap (-\sqrt{2}, \sqrt{3}) = -\sqrt{2}$, $\sup \mathbb{Q} \cap (-\sqrt{2}, \sqrt{3}) = \sqrt{3}$ である。

(3) $\forall a, b \in \{a + b \mid a \in A, b \in B\}$ に対して、$a + b \leq \sup A + \sup B$ となることは自明である。また、$\forall \varepsilon > 0 \ \exists a \in A \ a < \sup A - \frac{1}{2}\varepsilon, \exists b \in B \ b < \sup B - \frac{1}{2}\varepsilon$ なので、$a + b < \sup A + \sup B - \varepsilon$ となり $\sup\{a + b \mid a \in A, b \in B\} = \sup A + \sup B$ が示された。残りの等式の証明も同様である。

問題 4.6.35 f は最小値 $k > 0$ を持つので、$\forall x \in K \ k \leq f(x)$ となる。

4.7.1 連結集合

問題 4.7.3 $\mathbb{R}^m$ の開集合 O, P によって、$A = X \cap O, B = X \cap P$ が X の分離を与えるとする。このとき、$F = \mathbb{R}^m - O, G = \mathbb{R}^m - P$ と置くとこれらは $\mathbb{R}^m$ の閉集合である。

$$A' := X \cap F = X \cap (\mathbb{R}^m - O) = X - X \cap O = X - A = B$$
$$B' := X \cap G = X \cap (\mathbb{R}^m - P) = X - X \cap P = X - B = A$$

と置くと、A', B' が条件を満たすことが分かる。

4.7.2 連結集合の例

問題 4.7.8 (1) $A := S \cap N_{\frac{1}{2}\varepsilon}(x; \mathbb{R}^m) = \{s\}$, $B := S \cap \left\{x \mid d(p, s) > \frac{1}{2}\varepsilon\right\}$ と置くと、A, B が S の分離となる。

(2) $A = (\mathbb{R} - \mathbb{Q}) \cap (-\infty, 1), B = (\mathbb{R} - \mathbb{Q}) \cap (1, +\infty)$ と置けば、これらが $\mathbb{R} - \mathbb{Q}$ の分離を与える。

(3) $A = (\mathbb{R} \times (-\infty, \sqrt{2})) \cap (\mathbb{Q} \times \mathbb{Q})$、$B = (\mathbb{R} \times (\sqrt{2}, +\infty)) \cap (\mathbb{Q} \times \mathbb{Q})$ が $\mathbb{Q} \times \mathbb{Q}$ の分離を与える。

4.7.3 連結性に関する種々の定理

問題 4.7.10 $\beta < b$ とする。任意の $\varepsilon > 0$ に対して、$N_\varepsilon(\beta; [a, b]) = (\beta - \varepsilon, \beta + \varepsilon)$ には C には含まれない $[a, b]$ の点がある。これは C が $[a, b]$ で開であることに反する。

問題 4.7.13　帰納法で示す。$i=1$ のときは明らかに成立する。$i=k$ のとき成立するとすると、$C_1\cup\cdots\cup C_k$, C_{k+1} は仮定により連結で、$C_1\cup\cdots\cup C_{k+1}=(C_1\cup\cdots\cup C_k)\cup C_{k+1}$ は定理 4.7.11 より連結である。

問題 4.7.15　(1) $\mathbb{R}$ 内の任意の 2 点 a,b を取ると $[a,b]$ は定理 4.7.9 より連結である。したがって、定理 4.7.14 より $\mathbb{R}$ は連結である。

(2) (1) の証明とほとんど同様である。

問題 4.7.16　$\mathbb{R}$ 内の連結集合を C とする。このとき、$\inf C, \sup C$ の値によって場合分けする。可能性は次の 4 通りある。すなわち、$\inf C=-\infty$ かつ $\sup C=+\infty$, $\inf C=-\infty$ かつ $\sup C<+\infty$, $\inf C>-\infty$ かつ $\sup C=+\infty$, $\inf C>-\infty$ かつ $\sup C<+\infty$。例えば、$\inf C>-\infty$, $\sup C<+\infty$ の場合、$\inf C=a$, $\sup C=b$ と置くと、$C=(a,b),(a,b],[a,b),[a,b]$ のいずれかである。なぜなら、$\exists c\,(a<c<b)\ c\notin C$ となった場合、$C\cap(-\infty,c), C\cap(c,+\infty)$ が C の分離を与えてしまうからである。他の場合も同様に示すことができる。

4.7.4 連結成分

問題 4.7.24　X の任意の連結成分の補集合は有限個の連結成分の和になるから連結成分は開集合である。

問題 4.7.26　$(1)(-\infty,0]\cup\bigcup_{n\in\mathbb{N}}\left(\dfrac{1}{n+1},\dfrac{1}{n}\right)\cup(1,+\infty)$

(2) $\bigcup_{x\in\mathbb{R}-\mathbb{Q}}\{x\}$

4.7.7 複雑な連結集合の例

問題 4.7.37　(1) 例 4.7.36 (1) の証明で用いた立体射影の一般化 (2.2.4 逆写像・写像の合成を参照) を用いれば S^2 の場合と同様に証明できる。

(2) 関数 $f:(0,+\infty)\to\mathbb{R}$, $f(x)=\sin\dfrac{1}{x}$ を考えると、X_2 は f のグラフになっていることより結論が導かれる。

4.7.9 弧状連結性と連結性の類似

問題 4.7.47　$c\in\bigcap_{\lambda\in\Lambda}C_\lambda$ とする。任意の 2 点 $a,b\in\bigcup_{\lambda\in\Lambda}C_\lambda$ に対して、$a\in C_{\lambda_a}$, $b\in C_{\lambda_b}$ となる λ_a,λ_b が存在する。このとき、$a,c\in C_{\lambda_a}$, $b,c\in C_{\lambda_b}$ なので、a,c を結ぶ C_{λ_a} 内の曲線 c_a と c,b を結ぶ C_{λ_b} 内の曲線 c_b が存在する。これらの曲線の連結曲線は a と b を $\bigcup_{\lambda\in\Lambda}C_\lambda$ 内で結ぶ曲線になっている。

問題 4.7.49　定理 4.7.30 の証明と同じである。

問題 4.7.51　(3) D^m 内の任意の 2 点 a,b を取ったとき、a と円板の中心である原点 O を結ぶ線分 ℓ_a は円板内の曲線とみなすことができる。同様に O と b を結ぶ線分 ℓ_b

をとる。このとき、ℓ_a と ℓ_b の連結曲線は a と b を結ぶ円板内の曲線である。

(4) $H^+ := \{(x_1, \cdots, x_{m+1}) \mid x_{m+1} \geq 0\}$, $H^- := \{(x_1, \cdots, x_{m+1}) \mid x_{m+1} \leq 0\}$ として、$S^m_- := S^m \cap H_-$, $S^m_+ := S^m \cap H_+$, $D^m := \{(x_1, \cdots, x_{m+1}) \mid x_1^2 + \cdots + x_m^2 \leq 1 \ x_{m+1} = 0\}$ と置く。このとき、射影 $\pi_\pm : S^m \to D^m$, $\pi_\pm(x_1, \cdots x_{m+1}) = (x_1, \cdots x_m)$ を取ると、これらは全単射であり、その逆写像 $\pi_\pm^{-1}(x_1, \cdots, x_m) = (x_1, \cdots, x_m, \pm\sqrt{1 - (x_1^2 + \cdots + x_m^2)})$ は連続写像であるという事実と交わりのある弧状連結集合の和は弧状連結であるという事実を用いる。

(5) 弧状連結集合の直積は弧状連結であることから分かる。

(6) 例 4.7.32 の (5) と同様に連続写像 $f : (0, 1] \times S^{m-1} \longrightarrow D_m - \{O\}$ を考える。$(0, 1] \times S^{m-1}$ は弧状連結なので結論を得る。

4.7.10 弧状連結性と連結性の相違

問題 4.7.55　$z \in X(x) \cap X(y)$ とすると、x と z を $X(x)$ 内で結ぶ曲線 c_x, z と y を $X(y)$ 内で結ぶ曲線 c_y が存在する。これらの曲線の連結曲線は x と y を結ぶ $X(x) \cup X(y)$ 内の曲線となる。したがって、$X(x) = X(x) \cup X(y) = X(y)$ である。

4.8.2 位相同型の例

問題 4.8.5　(1) 写像 $h : D_r \longrightarrow D_R$, $h(x_1, \cdots, x_m) = \dfrac{R}{r}(x_1, \cdots x_m)$ は連続で全単射である。逆写像も連続であることはその形よりすぐ分かる。したがって、h は位相同型である。

(2) $f : D_r \longrightarrow \mathbb{R}^m$, $f(x_1, \cdots, x_m) = \dfrac{1}{r - \|(x_1, \cdots, x_m)\|}(x_1, \cdots, x_m)$ が位相同型を与える。

問題 4.8.10　4 角形も 3 角形と同様にして円周と位相同型であることを証明できる。位相同型の推移律を用いて、3 角形と 4 角形が位相同型であることが分かる。

問題 4.8.13　$x = (3 + \theta)\cos\eta$, $y = (3 + \cos\theta)\sin\eta$, $z = \sin\theta$ と置いて計算すれば $(\sqrt{x^2 + y^2} - 3)^2 + z^2 = 1$ を得る。

問題 4.8.14　ヒントの写像を考えよ。

4.8.3 位相不変性

問題 4.8.16　(1) 位相同型 $h : \mathbb{R} \longrightarrow \mathbb{R}^2$ が存在したとすると、$h|_{(\mathbb{R}-\{a\})} : \mathbb{R} - \{a\} \longrightarrow \mathbb{R}^2 - \{h(a)\}$ もまた位相同型になる。しかし、$\mathbb{R} - \{a\}$ と $\mathbb{R}^2 - \{h(a)\}$ の連結成分の個数が違う。

(2) D_r はコンパクトであるが、$N_R(p; \mathbb{R}^m)$, $\mathbb{R}^m$ は両方ともコンパクトではない。

(3) (1) と同じ議論で証明できる。

問題 4.8.19　位相同型なものをグループ分けすると

$$\{\ \text{H}, \text{⊢}\ \},\quad \{\ \text{X}, 卍\ \},$$
$$\{\ \square, \bigcirc\ \},\quad \{\ \ominus, \text{日}\ \},$$
$$\{\ \text{Q}, \text{O}\!\!\!-\ \},\ \{\ \in, \uparrow, \top, \text{Y}\ \},$$

となる。それぞれのグループが位相同型でない証明は (1) と同様な方法による。

$\boxed{\text{問題 } 4.8.20}$ 前問とほとんど同じ考察で分かる。

関連図書

[1] 中内 伸光 『ろんりの練習帳』 (共立出版, 2002)

[2] 前原昭二 『記号論理学入門』 (日本評論社, 2005)

[3] 赤 摂也 『実数論講義』 (SEG Collection, 1996)

[4] 和久井道久 『大学数学ベーシックトレーニング』 (日本評論社, 2013)

[5] 福田拓生 『集合への入門』 (培風館, 2012)

[6] 吉永悦男 『初等解析学—実数+イプシロン・デルタ+積分—』 (培風館, 1994)

[7] 高木貞治 『数の概念』 (岩波書店, 2002)

[8] 彌永昌吉 『数の体系』 (岩波書店, 1972)

[9] 柴田敏男 『数学序論—集合と実数』 (共立出版, 2011)

[10] 菅原正博 『位相への入門』 (基礎数学シリーズ, 朝倉書店, 2005)

[11] 奥山晃弘 『論証・集合・位相入門』 (教育系学生のための数学シリーズ, 共立出版, 2006)

[12] 小平邦彦 『解析入門 I』 (岩波書店, 2003)

[13] 矢野公一 『距離空間と位相構造』 (共立講座 21 世紀の数学, 共立出版, 1997)

[14] 松坂和夫 『集合・位相入門』 (岩波書店, 1968)

[15] クゼ・コスニオフスキー 『トポロジー入門』 (東京大学出版会, 1983)

[16] 松本幸夫 『トポロジー入門』 (岩波書店, 2002)

[17] 田村一郎 『トポロジー』 (岩波オンデマンドブックス, 岩波書店, 2015)

[18] 小林一章 『曲面と結び目のトポロジー—基本群とホモロジー群』 (すうがくぶっくす, 朝倉書店, 1992)

索引

●記号・アルファベット
ε–N 論法, 92

●あ行
穴あき円板, 172
アニュラス, 191
アルキメデスの原理, 96
位相同型, 183
位相同型写像, 184
位相不変量, 192
上に有界, 93, 153
裏, 10

●か行
開, 102
開集合, 102
開被覆, 136
可換図式, 87
可算集合, 35
関数, 43
逆, 10
逆写像, 58
逆像, 46
共通部分, 30
局所定値, 164
曲線, 168
距離, 68

近傍, 72
空集合, 26
下界, 153
結合法則, 5, 31
元, 24
交換法則, 5, 31
合成写像, 59
恒等写像, 44
合同変換, 78
コーシー–シュワルツの不等式, 66
弧状連結, 175
コンパクト, 136

●さ行
差, 33
最大・最小値の原理, 155
3 角不等式, 68
三段論法, 10
始域, 43
下に有界, 93, 153
写像, 43
終域, 43
集合族, 35
集積点, 125
十分条件, 12
順序対, 41
上界, 153

条件, 14
条件命題, 8
触点, 124
真偽表, 2
真部分集合, 27
真理表, 2
制限写像, 45
正射影, 78
全射, 54
全称命題, 15
全単射, 54
像, 43, 46
双対性, 121
添字集合, 34
属する, 24
存在命題, 18

●た行
対偶, 10
多項式関数, 88
単射, 54
単調, 93
単調減少, 93
単調増加, 93
値域, 43
直積, 41
定義域, 43
定値写像, 79
ド・モルガンの法則, 7
同値, 4
同値関係, 184
等長写像, 78
トーラス, 171

●な行
ならば, 8
ノルム, 65

●は行
ハイネ–ボレルの被覆定理, 146
背理法, 13
非可算集合, 35
必要条件, 12
否定, 2
含まれる, 27
部分空間, 67
部分集合, 27
部分列, 98
分配法則, 6, 31
分離, 156
閉, 112
閉集合, 112
閉包, 124
包含写像, 45
補集合, 34
ボルツァーノ–ワイエルシュトラスの定理, 146

●ま行
命題, 1
命題関数, 14
命題の真理値, 3

●や行
有界, 93, 153
ユークリッド位相空間, 108
ユークリッド空間, 108
ユークリッドの距離, 65

要素, 24

● ら行

離散距離, 71
立体射影, 49
連結, 159
連結曲線, 177
連結成分, 165
論理積, 3
論理和, 3

● わ行

和, 30

市原一裕
いちはら・かずひろ
1972 年生まれ．
日本大学文理学部教授．専門は，幾何学，3 次元多様体論．

鈴木正彦
すずき・まさひこ
1952 年生まれ．
日本大学文理学部教授．専門は，トポロジー，特異点論．

茂手木公彦
もてぎ・きみひこ
1963 年生まれ．
日本大学文理学部教授．専門は，低次元トポロジー．

論理・集合・写像・位相をきわめる
ろんり しゅうごう しゃぞう いそう

幾何学序論
きかがくじょろん

2018 年 3 月 15 日　第 1 版第 1 刷発行

著者─────市原一裕・鈴木正彦・茂手木公彦
発行者────串崎 浩
発行所────株式会社　日本評論社
　　　　　　〒170-8474 東京都豊島区南大塚 3-12-4
　　　　　　電話　(03) 3987-8621 [販売]
　　　　　　　　　(03) 3987-8599 [編集]
印刷─────藤原印刷
製本─────井上製本所
装釘─────林 健造

© 2018 Kazuhiro ICHIHARA ＋ Masahiko SUZUKI ＋ Kimihiko MOTEGI
Printed in Japan ISBN 978-4-535-78859-6

〈(社) 出版者著作権管理機構 委託出版物〉
本書の無断複写は著作権法上での例外を除き禁じられています．複写される場合は，そのつど事前に，(社) 出版者著作権管理機構 (電話：03-3513-6969，fax：03-3513-6979，e-mail：info@jcopy.or.jp) の許諾を得てください．また，本書を代行業者等の第三者に依頼してスキャニング等の行為によりデジタル化することは，個人の家庭内の利用であっても，一切認められておりません．